# 女人的优雅是“妆”出来的

## 带你见证优雅女人养成记

杨华燕(LISA YOUNG)／著

中国长安出版社

图书在版编目（CIP）数据

女人的优雅是“妆”出来的 / 杨华燕著 . -- 北京：
中国长安出版社，2014.10（2015.8 重印）
ISBN 978-7-5107-0784-1

Ⅰ . ①女… Ⅱ . ①杨… Ⅲ . ①女性－化妆－基本知识
Ⅳ . ① TS974.1

中国版本图书馆 CIP 数据核字 (2014) 第 242440 号

女人的优雅是“妆”出来的
杨华燕 著

出版：中国长安出版社
社址：北京市东城区北池子大街 14 号（100006）
网址：http://www.ccapress.com
邮箱：capress@163.com
发行：中国长安出版社 全国新华书店
电话：(010)85099947 85099948
印刷：北京海纳百川旭彩印务有限公司
开本：710mm × 1000mm 16 开
印张：12
字数：158 千字
版本：2014 年 12 月第 1 版 2015 年 8 月第 2 次印刷

书号：ISBN 978-7-5107-0784-1
定价：29.80 元

# PROLOGUE

# 序言

2月的时候，LISA发来微信，说让我帮她写一篇她新书的序。

然后我努力回忆，我和LISA是怎么认识的呢？却怎么也想不起来第一次见到LISA是什么时候了。仿佛认识了太久的朋友，已经无法去追究到底哪一天才算是初识的纪念日。

我对她的第一个印象：LISA可能是我见过的化妆师里最美丽的一个，也是极具自我追求的一个。她说，不管在任何地方，都要衣着得体，优雅的存在着……我完全同意，试问：如果自己都打扮不好自己，又怎么让我相信你能打扮好别人呢？

《杜拉拉升职记》是我来内地发展的第一部偶像剧，重视程度可想而知，我对戏里的服装、化妆、道具，基本已经要求到了非常苛刻的地步，最终，LISA也没有让我失望，在演员的妆容上几乎到了无可挑剔的地步，我没有想到原先这个看上去娇滴滴的上海女生可以和道具场务一起忍受剧组的“残酷”生活，并且将化妆的任务完成的如此完美。我必须说，《杜拉拉升职记》这么重要的片子能够取得成功，LISA完成的这个环节绝对功不可没！

再次见到LISA，是在《单身公主相亲记》拍摄的时候，她是我指定要的化妆师，我想再也找不到一个比LISA更加让我放心又舒心的化妆师了。可惜这个不安分的美丽的化妆师要开工作室了，在她那坚定的眼神中，我看到了一个美妆巨星在逐渐的羽翼丰满。

当有一天她拿着一本印着《弘造型工作室》的画册给我的时候，我很惊讶于这个女孩子的执着与勤奋。我自己也曾经做过公司，知道自己做事的艰难与不易，我佩服她的勇气和毅力。

她告诉我，她很感激我，因为“杜拉拉”是她的偶像，拍摄整个《杜拉拉升职记》的这个过程，也是她整个人生蜕变的过程。

我想这样一个善良，美丽而又坚强的女孩，她写的书一样也值得大家去细细品读。

——台湾知名导演　陈铭章

一个勇敢、努力、优雅的我。

八年的时间，我完成了从一名普通小学教师到一家专业时尚造型机构创始人的转变。

八年的时间，不短不长，但是，期间身份的转换让我更加懂得了什么是责任——对事业伙伴的责任、对社会的责任、对自己的责任……

八年的时间，更多的是让我成长。

# 自序

成长，也许在别人看来只是单纯的两个汉字而已，但是，其中的付出与艰辛只有我自己体会最深！在25岁的“高龄”放弃原本稳定的工作学习化妆，对任何一个人来说都是需要勇气的。

在这八年里，我做过上千人的大型美妆讲座，也经常和4、5个伙伴一起讨论最时尚的流行妆容。在这些过程当中，我越来越觉得传播美原来是如此令我快乐，这种快乐直至骨髓。我是那么的乐在其中、不能自拔！

记不清从哪里看到过，一位饱经世事沧桑的老奶奶在追忆昔日繁华时说：“女人一生最重要的，是要活得优雅高贵。”

我一直记得这句话！女人要活得优雅高贵！我想要做我自己的事业，努力、勤奋、脚踏实地地让自己活得优雅而又精彩！

现在觉得曾经的放弃就是为了今天更好地收获！

很多男孩女孩，在微博留言，或者电话咨询我，如何才能走上同我一样的化妆师道路，如何才能成为如我这样的化妆师。我的回答永远只有这几个字——努力、勤奋、脚踏实地。

人生没有捷径。

当你走进我的工作室，你会看到我把女人应该有的气质和修养都体现在了我的事业上。有品位的各种装饰把工作室布置得很温馨舒适；整排的化妆品被分门别类地安排在各个透明盒子中，每一个都干干净净排列整齐；造型饰品服装按风格分类进行了整理……

# 自序

亲爱的女人们，或许老天不曾给我们倾城倾国的惊世容颜，不曾给我们自己想要的一切，可是这并不妨碍我们做一个优雅的女人。不一定要锦衣玉食，更无须名车豪宅衬托，只要满心的笃定与安闲，有自己想要去奋力完成的事业，你就是自然优雅的女人。

从事化妆工作以来，无数的化妆品在我的手中来来去去，我总是能够发现最好用的产品，也总是可以把各种产品用到极致。所以我觉得必须要把这么多年以来经过了LISA严格检验的一些经验都记录下来，留给那些很幸运能够读到我的书的朋友们！

在书中，我将这些经验融会贯通、编辑成章，不仅从美妆心得，还在皮肤护理、美甲美发等各个方面进行讲述，将许多适合现代女性使用的方法展示给大家。

通过这本书，其实，我不仅仅是在教你学习化妆，还会教给你各种独属于我的保养秘籍，另外，更是在传达一种美好与优雅的人生态度，这个对于女人来说是最重要的！

如果我的书能够给你的生活带来一些改变，那么我会感到无比的欣慰，多年的积累沉淀，终于可以通过书籍这种传统的载体，传达到更多的爱美女士身边。

希望认真读了我的书，你不再是走在人群中毫不起眼的那个人，你不再是那位总是抱怨老天没有给你好容貌的那个人，在我眼里，每位爱自己的女人都是最美丽的！

请记住：给自己一个微笑，任清晨的露水打湿鞋尖，不必在意！记得自己依旧是一个清新、灵动的女人，快乐而又自信的女人！我，便是优雅，便是高贵，便是美丽……

你也可以像我一样！

LISA YOUNG

2014年9月

# Contents

# 目录

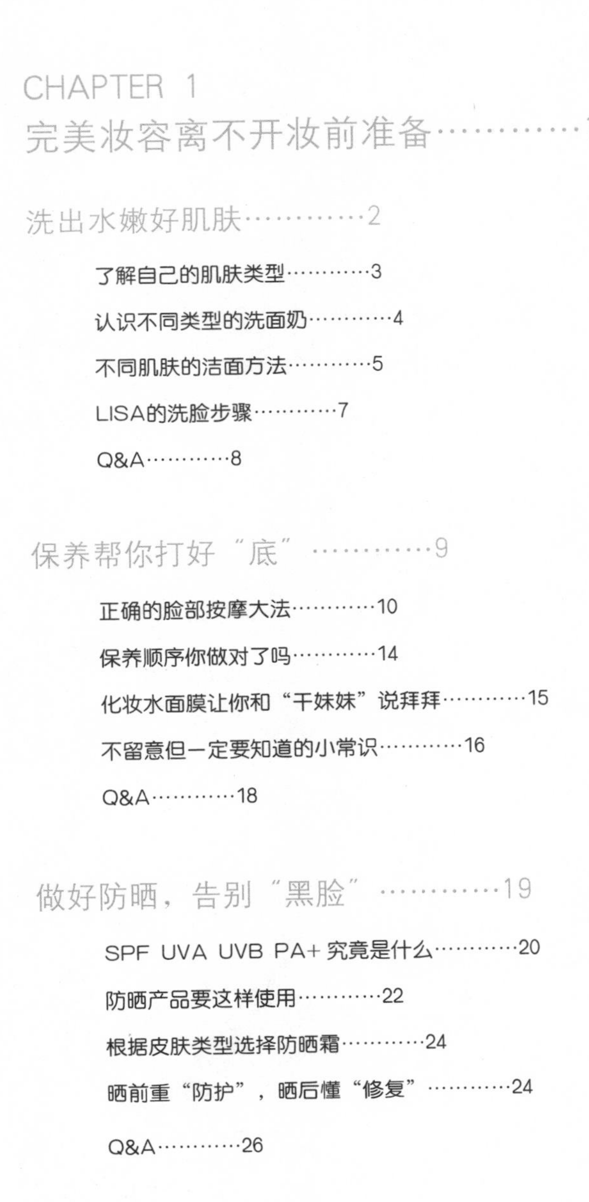


CHAPTER 1
完美妆容离不开妆前准备…………1

洗出水嫩好肌肤…………2

了解自己的肌肤类型…………3

认识不同类型的洗面奶…………4

不同肌肤的洁面方法…………5

LISA的洗脸步骤…………7

Q&A…………8

保养帮你打好“底”…………9

正确的脸部按摩大法…………10

保养顺序你做对了吗…………14

化妆水面膜让你和“干妹妹”说拜拜…………15

不留意但一定要知道的小常识…………16

Q&A…………18

做好防晒，告别“黑脸”…………19

SPF UVA UVB PA+ 究竟是什么…………20

防晒产品要这样使用…………22

根据皮肤类型选择防晒霜…………24

晒前重“防护”，晒后懂“修复”…………24

Q&A…………26

CHAPTER 2

# 无懈可击清透底妆…………27


隔离霜与饰底乳…………28

正确使用隔离霜…………29

饰底乳——彩妆界的肤色修正液…………29

珠光饰底乳妙用无穷…………31

珠光饰底乳 NG 示范…………31

Q&A…………32

完美肌肤的秘密——粉底…………33

质地不同，妆效也不同…………34

认识上粉底的工具…………37

上粉底的步骤…………39

LISA 的粉底上法，好处多多…………42

关于化妆工具的清洁和保养…………43

Q&A…………44

神奇的立体提亮、遮瑕术…………45

面部提亮的部位…………46

正确提亮，让面部更立体…………47

需要遮瑕部位的确认…………47

遮瑕产品使用注意事项…………48

最简单管用的遮瑕法…………48

Q&A…………53

定妆：轻轻一扫，宛若新生…………54

定妆的意义何在…………55

LISA 常用的散粉与工具…………56

明星定妆步骤大公开…………57

Q&A…………58

## CHAPTER 3

侧影和腮红——给你小脸好气色…………61

不同脸型的腮红、侧影位置…………62

侧影，让瘦脸立竿见影…………63

LISA 使用的小脸利器…………64

打侧影的步骤…………64

使用侧影你必须知道的事…………65

Q&A…………65

面若桃花你也行…………66

不同质地腮红的功能…………67

LISA 告诉你关于腮红的秘密…………67

LISA 手中的万能色腮红…………68

不同类型腮红上妆方法…………68

Q&A…………69

## CHAPTER 4

眼妆到位，眉目自可传情…………71

质感眼影轻松打造…………72

各种不同质地眼影的分类…………73

眼影工具使用扫盲…………74

简单易学的四步眼影打造法…………74

让眼睛增大一倍的眼影技巧…………75

Q&A…………77

眼线：创造魅惑的迷人眼神…………78

各种类型的眼线产品…………79

基础眼线的画法…………79

不同的眼形，不同的眼线…………80

关于眼线你不得不知的事…………81

Q&A…………82

刷出魅力翘睫…………83

刷睫毛的工具与产品…………84

基础睫毛上妆法…………85

LISA的电眼睫毛进阶法…………86

电眼炫目——假睫毛与美目贴…………87

市面上各种假睫毛的类型…………88

使用假睫毛不可缺少的工具…………89

正确佩戴假睫毛…………90

让眼睛立马增大的法宝——隐形美目贴…………91

Q&A…………92

美眉扮靓您的面庞…………93

这个世界总有那么多的眉形…………94

画眉用品以及工具…………95

关于标准眉形的比例问题…………96

画眉的基础步骤…………96

成就完美双眉的细节…………97

Q&A…………97

CHAPTER 5
唇唇欲动——即刻拥有少女般的粉嫩双唇…………99

唇唇欲动，护理先行…………100

关于唇形的比例…………102

唇部化妆的工具及产品…………103

时下流行的唇妆画法…………105

Q&A…………108

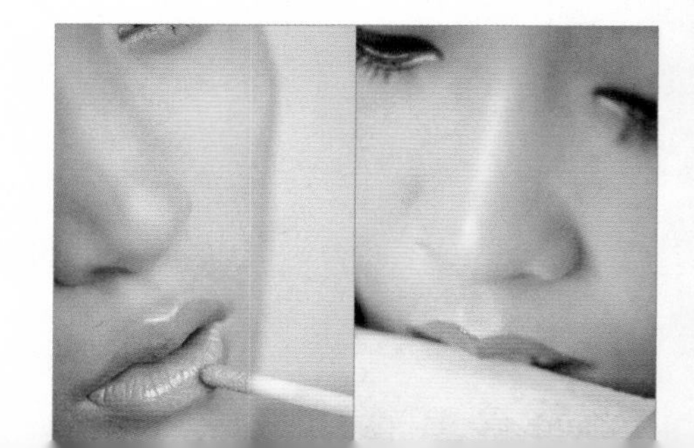

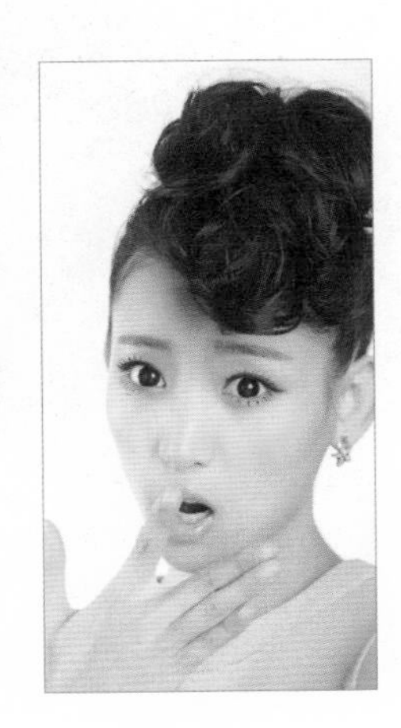

CHAPTER 6

## 风格美妆变变变…………109


猫女活力精灵妆…………110

甜腻可口香橙妆…………112

清纯可人美萝妆…………113

复古气质女王妆…………115

幻彩甜蜜波普妆…………117

1~5 分钟急救妆…………118

十分钟办公室完成Party女王妆…………120


CHAPTER 7

## 美丽肌肤的自我养成…………123

### 彻底卸妆，让肌肤重生…………124


介绍一些优质的卸妆产品…………125

LISA告诉你卸妆时的注意事项…………126

正确的面部卸妆法…………126

正确的眼唇卸妆法…………128

Q&A…………130

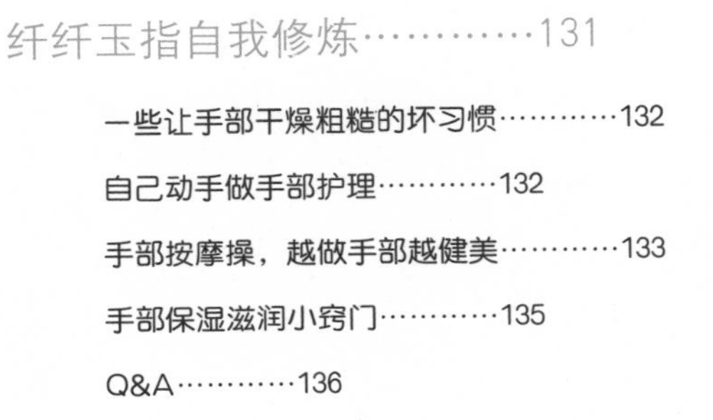

### 纤纤玉指自我修炼…………131


一些让手部干燥粗糙的坏习惯…………132

自己动手做手部护理…………132

手部按摩操，越做手部越健美…………133

手部保湿滋润小窍门…………135

Q&A…………136

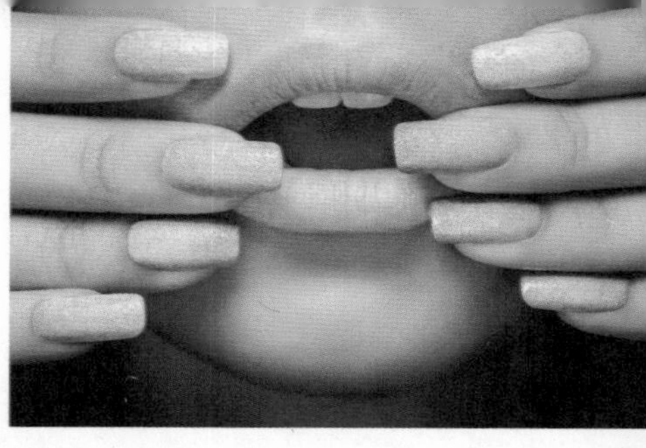


别让脚透露你的秘密…………137

脚部皮肤护理四重奏…………138

LISA 的脚部护理绝招：牛奶盐足浴…………139

堆在角落里的护肤品都用起来…………139

一款鞋不要连续穿好几天…………139

Q&A…………140

让全身的肌肤都优雅性感…………141

细致沐浴，全身肌肤水当当…………142

冬日精油美体泡澡秘方…………143

不要忽略女人身体最美的部分——胸部…………144

Q&A…………145

CHAPTER 8

美甲——让你的指尖闪亮起来…………147

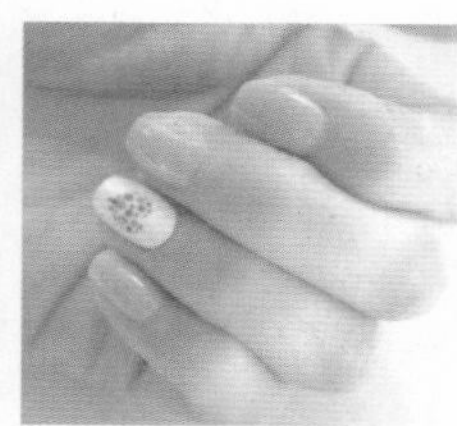


认识不同的指甲形状…………148

常见的美甲色系…………149

DIY美甲前的注意事项…………150

那些让你喜欢到尖叫的指甲…………150

Q&A…………161

CHAPTER 9
玩转头发，让美丽从“头”开始…………163

正确洗发才能养发…………164

不同问题秀发的不同护理…………165

染发前必须做护理…………166

染后护理“对症下药”…………166

Q&A…………167

附…………169

LISA YOUNG…………170

告别的话…………173

# CHAPTER 1

# 完美妆容 离不开妆前准备

完美的妆容来自于漂亮的肌肤，漂亮的肌肤离不开妆前护理与准备。如果妆前对皮肤的处理做不到位，便有可能产生油腻、干燥和浮肿，从而引起卡粉、脱妆和妆感太厚等问题。

在 LISA 的化妆体系中，妆前对于皮肤所做的一些工作是绝对不能少的，如平时对皮肤做好清洁、保养和防晒，则能够避免一系列的肌肤问题，令其由内而外散发出自然的光泽，拥有这样肌肤的女人，淡妆浓抹总相宜，轻轻一点便已倾倒众生。

# 洗出水嫩好肌肤

完美妆容始于完美肌肤，完美肌肤始于清洁。

洗脸是妆前准备工作的第一道工序，也是令肌肤完美的开始。

你的第一支洗面奶还记得吗？你有认真挑选过适合自己的洗面用品和工具吗？

不要再以为洗脸的功能仅限于将一天的污垢尘埃洗净了，那只是洗脸的最基本功能之一。我在这里要教大家的洗脸方法，在清洁肌肤的同时，还能够让肌肤保湿，紧致肌肤，为后面的彩妆步骤做准备。

## 了解自己的肌肤类型

要想成为“洗脸达人”，就一定要懂得“不同肤质的清洁护理的方法也是各异的”这个道理。弄清肤质的类型，是正确洗脸、改善肤质、为彩妆打下好底子的首要法则。

众所周知，皮肤可分为干性、油性、混合性、中性、敏感性这五种类型。皮肤类型取决于皮肤分泌的油脂量，而油脂量又受到基因、饮食、压力、激素功能、药物、护肤方法等的影响。那么你的皮肤到底属于什么类型呢？接下来就教大家一种简单方便的皮肤测试方法，来分辨你的皮肤类型。

**吸油纸皮肤属性小测试:**

首先把脸洗干净，擦干，待 30 分钟之后，取几片吸油纸，按压在脸上不同的部位。

**◎测试结果:**

**油性皮肤:**

纸片黏在脸上，将其揭下时可发现呈透明状的油点。

**干性皮肤:**

纸片没有黏住皮肤，揭下时也没发现透明的油点。

**混合性皮肤:**

纸片仅黏在 T 字区（额头、鼻子、下巴部位），油迹明显。

**中性皮肤:**

纸片仅黏在 T 字区（额头、鼻子、下巴部位），油迹不明显。

学会了皮肤类型的简单测试方法后，再来了解一下五种不同皮肤类型的典型特征，从而让你能够更好地判断自己的肌肤类型：

### ❀ 油性皮肤

油性皮肤很有光泽，尤其是在T字区。可能会有较粗糙的毛孔，容易形成黑头，由于脂肪腺大量分泌油脂，也容易形成痘痘。油性皮肤也有其优点，那就是充足的油分能够令皮肤保持滋润，不容易形成皱纹，因此油性皮肤的人会显得比干性皮肤的人年轻。但是大多数油性皮肤的女性，会在35岁以后发现自己的皮肤开始变得干燥。

### ❀ 干性皮肤

干性皮肤的人，纹理细致毛孔细小，脸上没有油光，面部皮肤干燥紧绷，会有细碎的小皱纹，甚至出现脱皮的现象，眼睛和唇部四周容易出现明显的表情纹

和皱纹。

### ❀ 混合性 / 普通皮肤

大部分女性是混合性（或称普通）皮肤。混合性皮肤意味着你的T字区偏油，而面颊稍偏干燥，面部各处都有一些干燥斑驳的部位，面颊和额头上可能有粗糙的毛孔。总体而言，这种类型皮肤的毛孔大小为中等，色泽肌理健康匀称，代谢循环较佳。

### ❀ 中性皮肤

这类皮肤不油不干，毛孔细小，皮肤细腻有光泽，肌肤很健康且质地光滑，有均衡的油份和水份，很少有痘痘和黑头产生。

### ❀ 敏感性皮肤

敏感性皮肤是一种特殊的肤质，它并不是天生的，而是后天因为生活环境和不正确的护肤等原因造成的。敏感性皮肤比较薄，毛孔较细。如果你的皮肤容易受太阳或一些化妆品刺激，或者容易起红点、发痒或起疱，那么很有可能属于敏感性皮肤。

## 认识不同类型的洗面奶

如今，大家对于一些洁面产品应该不陌生，只有选用适合自己的洁面产品才能更有助于清洁皮肤，令皮肤处于好的状态从而提升化妆效果。挑选洁面产品可是一门学问哦！大家先来看看它们的类型吧：

泡沫型洗面奶：这个也就是表面活性剂型的，大家平时应该用得最多。这类产品通过表面活性剂对油脂的乳化达到清洁效果，对水溶型污垢的清洁能力比较强。

溶剂型洗面奶：这类产品主要针对油性污垢，是靠油与油的溶解能力来去除油性污垢，所以溶剂型洗面奶一般都是指一些卸妆油、清洁霜等。通常情况下，用完卸妆油与清洁霜后，还需要再用普通洗面奶清洗一下。

无泡型洗面奶：这类产品结合了以上两种类型的特点，既具有适量的油分也含有部分表面活性剂。

## 不同肌肤的洁面方法

洗脸是我们每天都在做的一件事情，可是有些人觉得自己的洗脸效果并不理想，洗完之后皮肤紧巴巴，甚至还会出现红肿、脱皮等现象，看着都觉得难受，更别说在这样的脸上上妆了。其实，这很有可能是因为洁面方法不正确造成的。各种类型的肌肤，都有适合的洁面方法，只有找到属于自己的洁面方法才能够洗出最好的效果。

### 中性肌肤

如果你是中性肌肤，那么恭喜你，任何形式的洁面产品你都可以放心地使用，选择一款你感觉最舒服的即可，仅仅是你觉得味道好闻都可以成为选择的理由。在洁面时顺便做一下面部按摩，以中指和无名指的指肚由下向上、由内而外打小圈，一般持续20分钟即可。

**如果你是以下特殊肌肤里的一种，就要小心选择自己的洁面方法和所用的产品，因为你再也不能随意摆弄、涂抹你的脸了。**

### 干性肌肤

拥有干性肌肤的你，由于面部皮脂分泌非常少，在洗脸后会觉得很紧绷，所幸你的皮肤虽然薄、肌肤的表层比较脆弱，但是真皮层仍然健康，如果加强呵护，就能够长久地保持健康状态。

LISA也是干性肌肤，我就来说说我的一些洁面经验吧：

❶ 不用泡沫型洗面奶，它只能让干性的肌肤更干，虽然清洁彻底，但是这种产品碱性的含量也比较增大。

❷ 乳霜状和无泡沫型的洁面产品，可以温和地去除面部彩妆和污垢，并且不会带走任何营养成分，是干性皮肤者不错的洁面选择。

❸ 尽量不去或者少去角质哦，我们的皮肤已经很脆弱了，不能再使用这种粗鲁的洁面方式了。

### 混合性皮肤

根据脸部各部分皮肤性质的不同，可以分别按油性或者是中、干性皮肤的洁面方法来进行清洁，也可以进行综合性护理，以保持面部清爽、不干燥为原则，此种类型的皮肤最好选用油性较少的营养霜。

### 油性痘痘皮肤

你的皮肤除了眼部以外，都处于皮脂分泌旺盛的状态，这可能是压力、饮食或者生理问题造成的。这种皮肤因为皮脂分泌旺盛，毛孔常受皮脂的压迫而张开，可能会出现几颗类似青春痘的面疱，肌肤表面看起来也较为粗糙。

我身边也有很多朋友是油性痘痘皮肤，对此我的建议是：

❶ 过度的清洁反而会破坏皮肤的弱酸性环境导致细菌滋生，从而进一步加剧痘痘的生长，所以痘痘皮肤的姐妹切记，清洁不要超过一天三次！

❷ 含有水杨酸配方的洁面产品可以增进表皮健康，减少痘痘的生成并使肌肤看起来更加清洁、富有活力。

❸ 啫喱状的洁面产品清洁力比较强，泡沫型、溶剂型的洁面品也是油性痘痘皮肤的好选择。

❹ 超油性皮肤用热水清洁才能去除过分分泌的油脂。水温要控制在42~43℃。

❺ 洗脸后马上做保湿护理。

### 敏感性皮肤

因为皮肤的角质层脆弱，对于化妆品、紫外线、灰尘等外界因素均缺乏抵抗力，只要受到一点点刺激就会红肿、发痒，甚至会有小颗粒或疼痛等发炎症状出现。另外，对香料、酒精等也会产生明显的过敏性反应。

导致肌肤敏感的原因很多并且难以避免，但有效的清洁与防护可以让肌肤感觉舒适和安全，其注意要点是：

❶ 洗脸的时候用温水，千万不能太烫。

❷ 洗过后，可以用冷毛巾冷敷一下。

❸ 清洁的手法要轻柔，用毛巾通过轻轻按压的方式吸干脸上的水。

❹ 使用舒缓高保湿纯天然制无刺激洗脸产品，防止皮肤受刺激。

## LISA的洗脸步骤

很多朋友可能会说，“我每天都洗脸啊，还用特意去学习洗脸吗？”可是，LISA要问了：“你真的会洗脸吗？真正正确有效的洗脸步骤你清楚吗？”接下来LISA便按照自己的洗脸步骤，来告诉大家如何正确洗脸：

先用温水冲洗面部，将第一层的外部灰尘及脏东西冲干净。

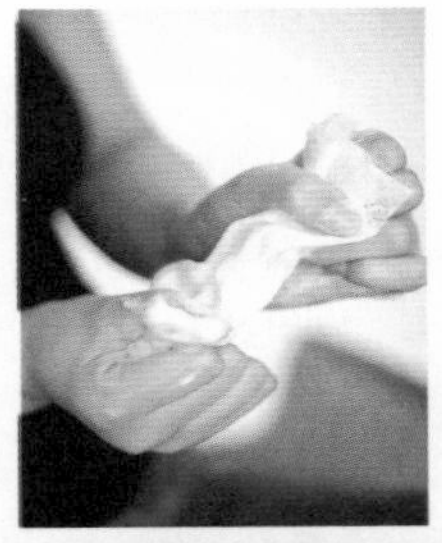

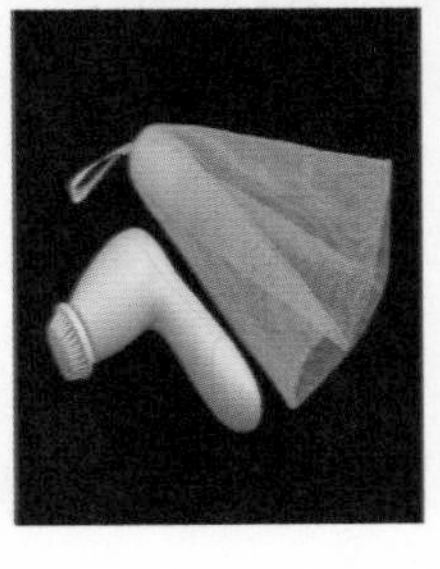

使用普通泡沫洁面乳的话，取樱桃大小在手心里，搓揉出丰富的泡沫，丰富的泡沫才能将你脸上的污垢去除，这个时候LISA推荐打泡神器哦，使用打泡神器可以搓揉出非常丰富的泡泡。

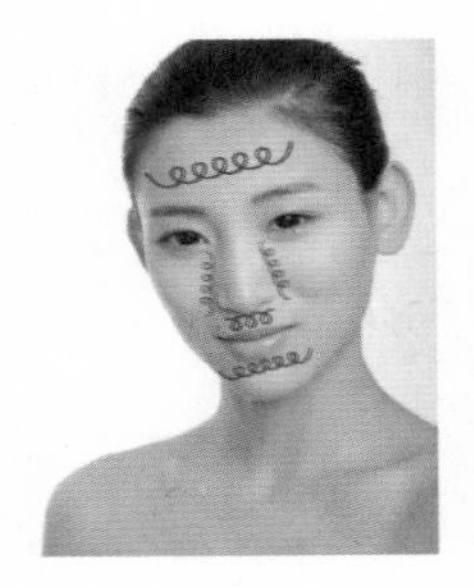

用泡沫洁面乳自额头打大圈圈，接着到鼻梁的地方、鼻翼的两侧以打小圈圈的方式洗干净，直到下巴处。

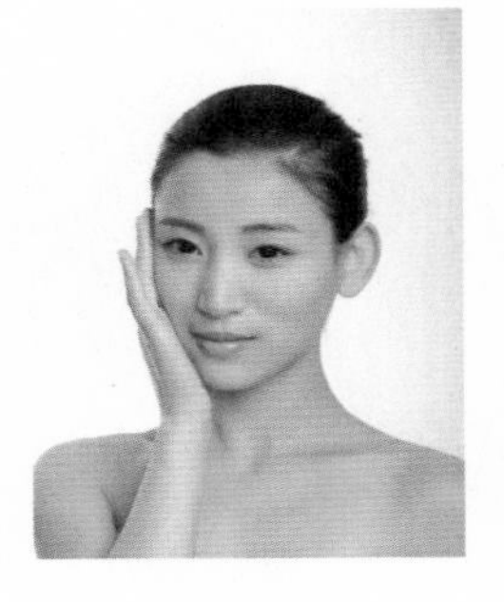

两颊以小圈圈的方式由内而外、由下而上搓揉，一直要到耳朵后根。记得洗脸的同时也要洗洗耳朵。

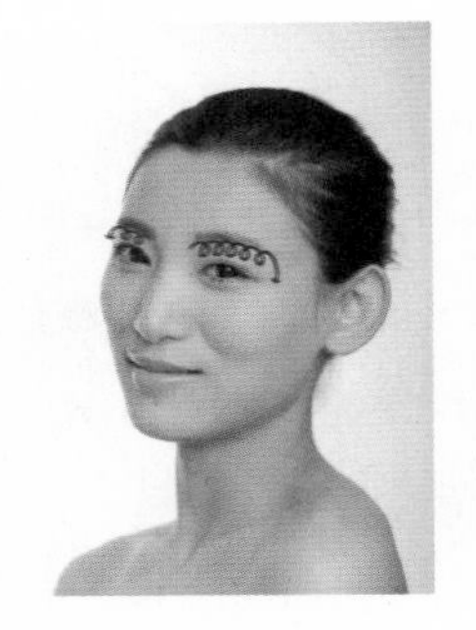

眼周部分，以鼻根为中心点，左眼逆时针，右眼顺时针，轻轻进行打圈按摩。

最后用清水冲洗脸部，一定要冲洗得非常的干净，然后用一条干净的毛巾，按在脸上吸收水分。

Tips:♥

脸部像个地球仪，我们脸部的毛孔是向下45度生长的，所以应该用由下向上画圈的方式清洗。

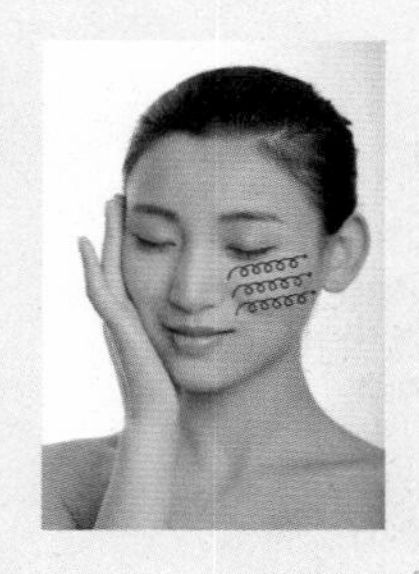

## Q&A（问与答）

Q：A

Q：我的皮肤易出油，需要每天多次洁面吗？

A：洗脸的次数不宜太多，就算是易出油的油性肌肤，一天也不要洁面超过三次！当你洗脸频率过高引起皮肤油脂分泌不足时，不但会使皮肤水分流失，导致皮肤干燥脱皮，皮脂腺也会为保住水分而分泌出更多的油脂！

Q：我用的洁面乳是具有保湿功效的，那我就不需要用其他产品了吧？

A：虽然你的洁面乳具有保湿的功效，但肌肤里层的水分流失此种洁面乳是不能补充的，所以搭配正确的保养护肤产品是必需的！

# 保养帮你打好“底”

对皮肤进行保养也是妆前准备的一个重要步骤。只有让肌肤处于最佳状态，才能够避免出现彩妆问题。

在保养肌肤时，要坚持正确的步骤和手法，选择适合自己的保养品，坚持不懈地将自己的理念贯彻到底。

在这里，跟大家一起分享一些我的护肤保养经验。

## 正确的脸部按摩大法

### 护肤过程中的按摩让脸又紧又小

很多朋友平时用非常好的保养品，可是仍然跑过来问LISA，是否可以推荐好用的美容品，因为自己在用的美容品好像没有什么作用。

这不是美容品的问题！

请问："你是否已经让你的保养品发挥了最大的功效呢？"

"你是否只是在例行公事一般将保养品按照导购交代的步骤擦在脸上呢？"

LISA要告诉你，不管是乳液、面霜，还是眼霜，不是胡乱地涂到脸上就完事了，在涂擦的时候一定要按摩哦！

在我们的脖子和耳边，分布着许多重要的淋巴结。淋巴系统具有强大的排毒功能，通过按摩，能够促进体内淋巴系统的畅通，使保养品的功效获得最大限度的发挥，还能够起到瘦脸、紧肤、加强妆效的作用。所以说，我们每天在涂保养品的时候必须要同时进行按摩，心中默念：我要小脸，我要美丽！

接下来LISA就教给大家超级实用又有效的小脸按摩法，按摩时再配合使用乳液和面霜，保证会收到超乎你想象的效果！

按摩之前我们先要洗干净双手，清理过长的指甲，双手搓热，将具有紧致作用的精华液保养品倒硬币大小在手心里捂热。

接下来是具体的按摩动作：

将两个手指放在太阳穴、眼尾的位置，并稳定住，另一只手的无名指和中指，从眼尾出发，轻轻滑向眼角，同时展开皱纹。

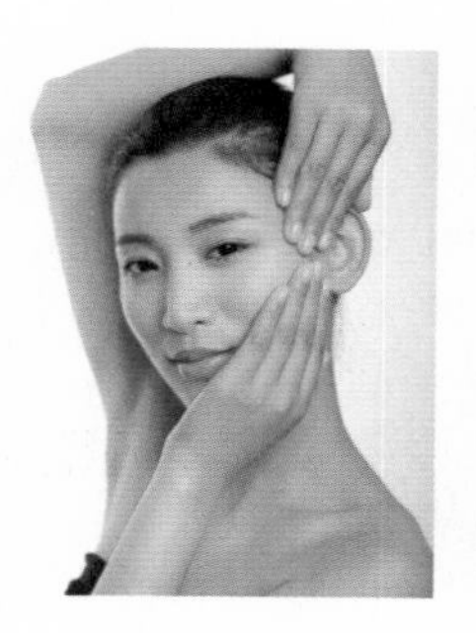

手伸平，五指合拢，将温热的手掌盖在脸颊上，稍微加上力度进行轻压式滑动。

双手轻捏下巴，沿着下颌线，双手慢慢展开，轻抚脸庞并向上滑动至耳后。

沿颈部延伸至锁骨凹陷处，按压。

不要光顾着想要变美，就对自己的脸大按特按啊，这里面还是有些事项需要注意的：

1. 按摩时不能太用力，用手轻轻按压皮肤即可。

2. 耳后根的穴位和锁骨凹陷处的穴位是淋巴处理的垃圾场，按摩后的垃圾都是扔在这个垃圾场里面的。所以，按摩这些穴位可以促进淋巴液的代谢，预防浮肿和青春痘哦！LISA 老师至今都未有生过青春痘！

3. 在按摩淋巴的时候要轻按，如果感到疼痛，就说明您的手法过重了，另外，按摩时间也不要过长。覆盖在淋巴部位的汗毛，是保护淋巴结的重要屏障，因此不可以随便地将这些汗毛剔除！

## 妆前按摩，解除上妆烦恼

细纹、浮肿、黑眼圈……当你兴致勃勃想要开始化妆，却不得不面对自己脸上出现的这些问题时，你是不是很沮丧？和LISA一起学习面部按摩吧，帮你缓解这些恼人的问题。

对付额头横向皱纹按摩法：

额头横纹又叫做"抬头纹"，是表情纹的一种，如果你经常性地做出抬眉头的动作，便会很容易形成额头横纹。正确的按摩可以预防横纹产生，或者是减淡已有的横纹。

1. 将涂上保养品的双手按压在额头部位。

2. 使用指肚由下向上进行提拉。

3. 提拉到发际线为止。

对付法令纹按摩法：

法令纹指的是位于鼻翼边延伸而下的两条纹路，肌肤老化松弛及表情过于丰富是法令纹形成的两大原因。法令纹可是漂亮妹妹们的大敌哦，如果有了深深的法令纹，那么再怎么保养，也会看上去苍老很多。通过按摩的方法能够预防法令纹，甚至令其消除。

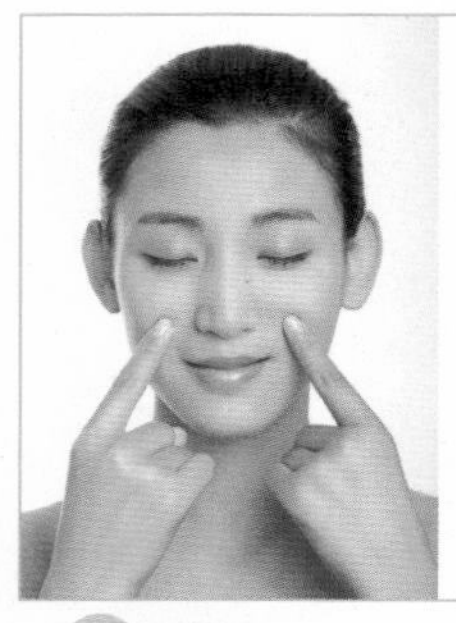

1. 通过咀嚼食物进行按摩。
2. 多张开嘴巴说话也是一种不错的按摩方法。
3. 槽牙用力进行咬合，也能够起到按摩的作用。
4. 用手指从上至下按住整条皱纹进行按摩。

消除清晨浮肿的超简单按摩法：

如果你前一晚喝酒，或者是晚睡，肾的排毒功能便会减弱，从而令你的面部看上去浮肿，这样不仅没有了小V脸的可爱，更是让你的脸看上去像包子一样惨不忍睹。这个时候，你真的需要按摩了。

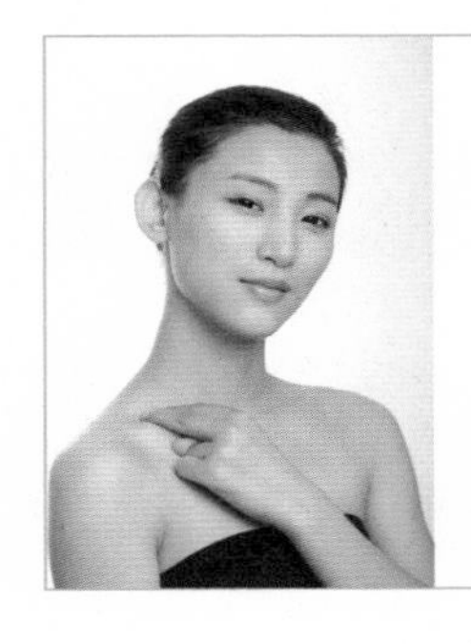

1. 把左手的食指与中指分别放在右侧锁骨的上下方，夹住锁骨。

2. 将头慢慢倒向左侧的同时伸展脖子的侧面。

3. 放在锁骨上的两根手指由外向内按滑三次，另一侧也是一样，反复做 10 次。

缓解黑眼圈、眼部浮肿的按摩法：

眼部浮肿与黑眼圈都会令你看起来精神萎靡，整个人都显得非常老态，那么怎样才能够解决眼部浮肿与黑眼圈的问题呢，不用发愁，LISA老师来教你最有效的按摩方法。

1. 眼部轻点眼霜。

2. 由外眼角向内眼角呈螺旋形轻轻移动手指。

3. 手指经过内眼角后，沿眉弓骨一直滑向眉梢下方。

4. 通过太阳穴，最后滑到颧骨下的凹陷处，另外一侧也一样，每天按摩 10~20 次。

## 保养顺序你做对了吗?

### 日间的护理顺序

| 日间的护理顺序 |  |  |
| --- | --- | --- |
| | 1洁面 | 早上LISA是不用有泡沫的洁面乳哦，一般会使用乳霜状的洁面乳 |
| | 2面膜 | 希望皮肤状况更好的时候用化妆棉浸化妆水敷面3分钟 |
| | 3眼霜 | 抵抗紫外线的眼霜和抗皱眼霜 |
| | 4精华 | 使用提拉紧致的精华液 |
| | 5乳液 | 乳液和面霜可以帮助吸取的营养更好的存留在皮肤内部 |
| | 6粉底 | 30岁以后推荐乳液或者CREAM的粉底 |

### 夜间的护理顺序

| 夜间的护理顺序 |  |  |
| --- | --- | --- |
| | 1卸　妆 | 30岁以后，推荐使用乳液或者面霜类卸妆用品 |
| | 2洁　面 | 如果卸妆已经很干净，只要用温水就可以了 |
| | 3角　质 | 约10天一次，皮肤质地薄，请慎重去除角质 |
| | 4化妆水 | 将浸透化妆水的化妆棉敷到面部，还可以在化妆棉上覆盖保鲜膜，增加滋润度 |
| | 5精华液 | 可以根据皮肤的状况使用 |
| | 6乳　液 | 充分利用双手的手指和指腹，手心，让营养渗透并锁住已经吸收的养份 |

**Tips:**

**冬季护理时，先用热毛巾敷面，然后再进行日常护理步骤，夏季护理则应使用冷毛巾敷面。**

## 化妆水面膜让你和“干妹妹”说拜拜

### 嫩肤三大利器——化妆水、面膜与保鲜膜

化妆水、化妆棉和水，只需这三样就能使肌肤变得像煮熟的鸡蛋一样滑嫩，只要坚持正确的用法，每天坚持，一个月之后，一定会有切实的肌肤改变，让上妆不再是令你头疼的问题。

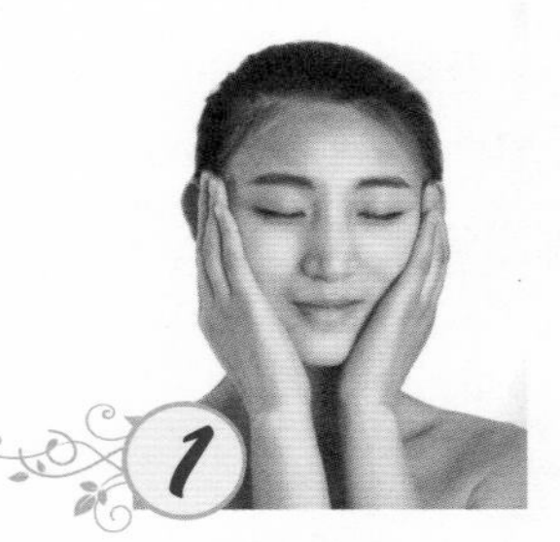

先清洗面部

化妆棉用水浸湿，挤出多余水分。

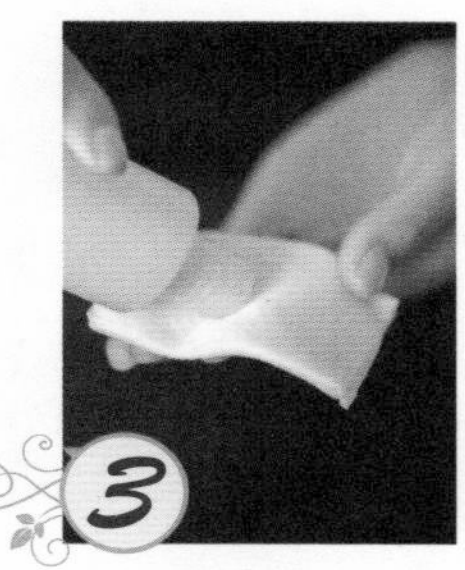

将硬币大小的化妆水倒在化妆棉上面，让它均匀浸透。

纵向撕成 4–5 片。

横向将化妆棉拉伸，扩大化妆棉的面积。

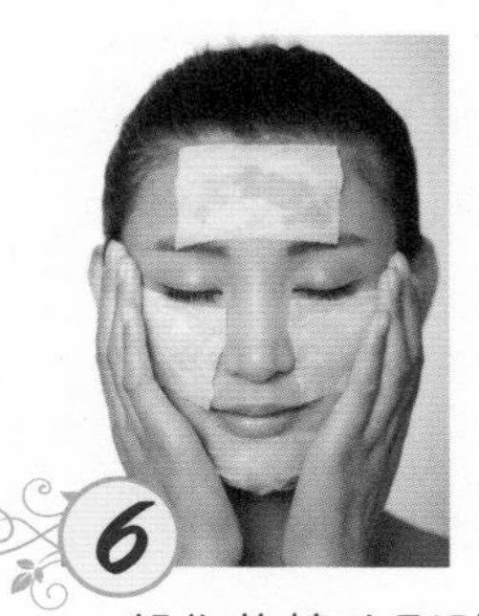

将化妆棉分别贴在脸颊、额头、鼻子、下巴等地方，总之将重要部位包住。

还可以用保鲜膜包住脸部，不过要在鼻孔的部位撕开透气的小孔。

5–10 分钟将化妆棉从脸部卸除，哈哈，水润润的小脸蛋立马呈现哦！

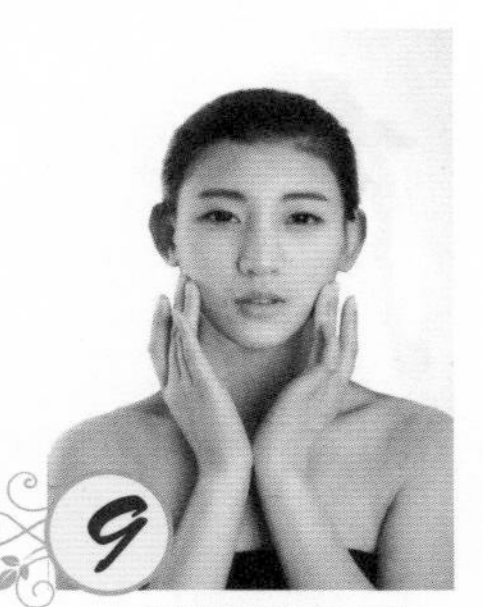

涂擦保养品。

Tips:♥

平时我们用来喝咖啡或者喝汤的不锈钢勺子，可以变成美颜神器，相信吗？

洁面后补水再搽面霜，挑一把大小适合、没有毛边又好用的勺子，用它轻轻拍打脸颊、按压穴位，也可以顺着脸部和颈部的线条进行按摩，加速血液的流通，让肌肤变得红润光泽和紧致。

LISA是这个化妆水面膜和勺子按摩的收益者，不需要很多的金钱，也不需要很多的时间，在家里就可以把自己的皮肤弄的水水嫩嫩，何乐而不为呢？

赶快尝试吧！

## 不留意但一定要知道的小常识

### ❀ 保养类化妆品的使用期限

通常化妆品在没有开封的情况下，保质期是两年，一旦开封，最好就在一年之内用完，因为打开封的那一刻，化妆品就进入了氧化的状态，被氧化的东西涂在脸上是会促使皮肤老化的。因此，在取用面霜的时候不要用手直接蘸取，而是要用小棉棍。另外，化妆品应该放在阳光照不到的阴凉地方存放。

用了一年还没用完的化妆品，如果是面霜可以涂在身上，精华液可以涂在头发上令其变得健康光泽。但试用装就另当别论了，试用装是以快速试用为目的制作的，即使没有开封也保存不了一年。

过了使用期限的保养品，一定不要再用在脸上了，因为那样可能会出现非常负面的后果！

## 各类保养品用量

★★★

| 种类 | 一次用量 | 产品合理用量 |
| --- | --- | --- |
| 化妆水 | 硬币大小 | 一个月1瓶 |
| 卸妆乳 | 樱桃大小 | 一个月1~1.5瓶 |
| 晚霜 | 珍珠大小 | 3个月1瓶 |
| 眼霜 | 大米粒大小 | 一到一个半月1瓶 |

**Tips:**

卸妆产品的用量会根据不同的品牌有不同的定量，厂家都是根据研究数据决定的，产品说明上都有注明，所以最好遵守。

# Q&A（问与答）

Q：A

Q：天气变得好冷，肌肤觉得摸起来又干又粗糙，该怎么办呢？

A：当天冷时，空气的温度和湿度都会变得比较低，皮肤的油脂分泌量也会变少，水分散失的速度也就变得更快，皮肤容易出现干燥、脱皮等现象。这时请尽量选择高机能性的保湿产品，如玻尿酸、丝胺酸、甘油等来取代一般保养品，同时再补充水分和油分，补水的同时还能帮助肌肤锁水，干燥及脆弱的肌肤就能被慢慢修复了。

Q：敷过面膜后还用涂上精华液等保养品吗？

A：这是一定要的！虽然面膜中含有丰富的营养成分，但这不等于敷面膜就是护肤程序的最后一步。在使用面膜后涂抹面霜，才能让营养成分完全被锁住留在肌肤中。并且如果你使用的是保湿面膜，但你的年龄已经到了必须用抗老产品的时候，那么面膜后再涂抹抗老面霜就更有必要啦。

Q：面膜真的需要天天用吗？

A：我不建议天天使用，一般情况下每周敷两到三次即可。除非一些特殊情况，比如肌肤状态很差很干燥，那可以选择一款保湿镇静类的面膜，连续使用几天强力补水。

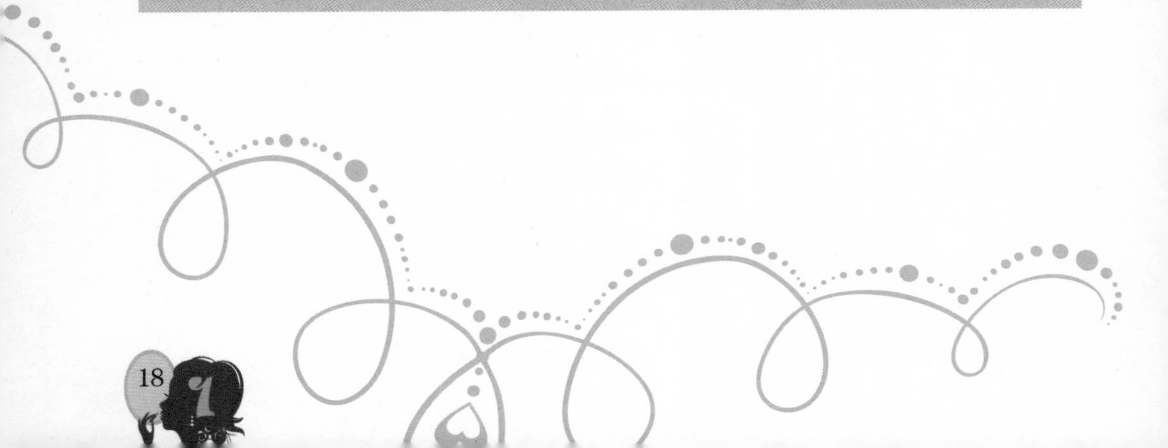

# 做好防晒，告别“黑脸”

紫外线照射不仅会使皮肤晒黑、晒伤，而且光老化是肌肤外源性老化的首要因素，它对肌肤的伤害是一年四季的，甚至是阴天雨天也不会减少。所以，LISA提示你，如果不想让“黑脸”、面部红肿、蜕皮、肌肤老化等问题影响自己的妆效，那么便要做好妆前防晒。

## SPF UVA UVB PA+究竟是什么

防晒的主要目的便是阻挡紫外线对皮肤的伤害。读到这里可能有人要问了，那到底什么是紫外线呢？紫外线又是怎样伤害皮肤的？为了解答大家的疑问，LISA便先来对大家进行一次紫外线知识扫盲：

❶ 紫外线是一种伤害性光线，地球表面的大部分紫外线都来自于太阳。紫外线经由皮肤吸收的话，会引发皱纹、晒伤等皮肤问题。

❷ 紫外线中对皮肤造成损伤的主要是UVA和UVB。

❸ UVA一年四季都存在，穿透力强，甚至能够到达皮肤的真皮层，导致肌肤光老化。

❹ UVB导致晒伤、晒黑，通常在夏季达到最高值。

那么在防晒霜上面经常会标示的 SPF 和 PA+ 究竟是什么？他们表示着什么意思呢？

SPF 对抗 UVB（晒伤）

所谓 SPF 值是指产品防护 UVB 的能力，也就是防止皮肤晒红晒伤的能力。一般情况下，人的皮肤在日光下直射 20~25 分钟便会产生红斑，SPF1 的防晒时间就是 15~20 分钟，而 SPF30 的护肤霜防晒时间就是 15 分钟乘以 30，相当于 7 个半小时。一般国内护肤品都会标注到 30，超过 30 的话则标注 30+。

PA+ 对抗 UVA（晒黑、晒老）

PA+ 字样表示产品防护 UVA 的能力，也就是防止晒黑晒老的能力。PA 的防御效果被区分为三级，即 PA+、PA++、PA+++，PA+ 表示有效、PA++ 表示相当有效、PA+++ 表示非常有效。

### 如何选择合适的 SPF 值

很多人日常只准备一款防晒产品，却不懂得在不同的环境下需要使用不同的防晒品。

一般类型皮肤的人，SPF值以8~12为宜；对光敏感的人，SPF值以12~20为宜；敏感性皮肤则应挑选植物配方的防晒品或是含有二氧化钛的物理性防晒霜。

如果你是只在上下班路上接触阳光的上班族，那么SPF值选择15以下的即可，以脸部防晒为主；如果你常在室外工作，或者经常会遇到强烈的紫外线，那么最好还是选择SPF25及以上的防晒产品；在野外游玩或者是海滨游泳时，防晒品的SPF值则要在30以上，并且游泳时最好选用防水的防晒护肤品。

### 如何选择合适的 PA 值

通常情况下，PA的强度用+来表示，多一个+表示有效防护时间的延长。具体为：

PA+的有效防护时间大约为4小时。

PA++有效防护时间大约为8小时。

PA+++超强防护，有效防护时间大约为12小时。

所以PA值越高，代表越不容易被晒黑。大家可以根据一整天涂防晒霜的频率选择PA值。

### 不要迷信防晒指数即 SPF 值

强烈的阳光让防晒霜已经成为我们在炎炎夏日的必需品。人的皮肤在阳光照射下的承受力是因人、因时段和纬度而异的，并且SPF值过高的防晒霜会伤害皮肤。所以在选择防晒产品时，不要盲目迷信它的防晒指数，而是要根据你在户外活动的时间及阳光的强度来决定。对于整天坐办公室的上班族来说，只要使用SPF15至SPF25的防晒霜就足够了。而外出办事、逛街和休闲旅游时，最好选用SPF30以上的防晒品。

根据所处场合选择具有不同SPF值的防晒霜。所选用防晒霜不仅要有防中波紫外线UVB的功能，也要有防长波紫外线UVA的功能。

B 防晒值越高，对皮肤所造成的负担就越大，就越容易引起皮肤过敏。所以并不是防晒系数越大的防晒霜越好，并且当你回到了家中之后，要将防晒霜及时地卸除、洗掉。

另外，由于每个人对阳光的防御能力各不相同，在选择SPF值的时候还需因人而异，肤色越白的人对阳光越敏感，而皮肤黑的人对阳光的感受力就弱一些，因此肤色白的人可以选择比一般人使用的SPF值多出5~10的产品，肤色深的人则可以将SPF值略为降低。

## 防晒产品要这样使用

在学会了怎样选择防晒产品之后，还要懂得正确使用，才能让它更好地保护你的肌肤。

1. 即时补擦

你可别指望早上出门时擦的防晒霜能保持一天的防晒效果，最好每2~3小时补擦一次，这样才能保证防晒效果。

2. 加强两颊与T字部位

人脸的两颊和T字部位在整个面部轮廓中显得最突出，因此也是最容易晒黑和晒伤的，所以在做完面部防晒工作后，最好在两颊和T字部位再进行加强防晒。

3. 别遗漏发际线

大多数人擦防晒霜往往只习惯擦脸部，但是最易流汗的发际线却往往被忽略了。涂防晒霜时一定记得不能遗忘发际线，避免造成面部出现两种不同颜色的状况。

4. 颈后防晒

颈后的肌肤是否防晒到位能够体现出女生对于防晒细节的注重与否。

特别是在夏天，由于经常需要扎起马尾或者是剪成短发，颈部经常会被露出来，颈部防晒就更不能够忽略了。

5. 耳后防晒

耳后防晒不仅仅是出于对美观的考虑，更因为耳后皮肤十分的薄，非常容易被晒伤。

6. 涂防晒唇膏

夏季嘴唇干燥的问题，很可能是由紫外线造成的，所以记得在夏天选用具有防晒指数的润唇膏！

7. 底妆也需要防晒指数

想要更好的防晒效果，不妨在防晒霜之外再给肌肤多加一层保护。如果能够在底妆中也加入防晒指数，不仅会让防晒更有保障，同时还能减少因化妆造成防晒霜脱落的麻烦。

Tips:

亲爱的们，若想防烈日晒伤，平时便不妨多吃些含胡萝卜素及维他命E的食物。

胡萝卜素及维他命E均属抗氧化剂，除有助防晒外，还能够预防皮肤癌。但不可服食过量，否则会产生不良效果，特别是吸烟者尤其要注意。从食物中摄取胡萝卜素和维他命E是最好的方法，红萝卜、红薯、杏等食物中均含有丰富的胡萝卜素，橄榄油、深绿色菜叶中则富含维他命E。

## 根据皮肤类型选择防晒霜

根据前面的介绍，想必你已经知道自己的皮肤是什么类型了吧。那下面我来为你介绍一下如何选择防晒霜吧！

1. 油性皮肤

选择渗透力较强的水剂型、无油配方的防晒霜，使用起来清爽不油腻，不堵塞毛孔。千万不要使用防晒油，物理性防晒类的产品也应慎用。

2. 干性皮肤

选择质地滋润并添加了补水功效，能够增强肌肤免疫力的防晒品，现在很多防晒品已经增加了除防晒以外的补水、抗氧化功效。

3. 痘痘型皮肤

要选择渗透力较强的水剂型、无油配方的防晒霜，当痘痘比较严重，出现发炎或者皮肤破损时，就要暂停使用防晒霜，出门时候可以采用撑太阳伞等遮挡的物理方法防晒。

4. 敏感性皮肤

为了安全起见，推荐敏感性皮肤的女性选择专业针对敏感性肤质生产防晒品，或者是产品说明中明确写出“通过过敏性测试”“通过皮肤科医师对幼儿临床测试”“通过眼科医师测试”“不含香料、防腐剂”等说明文字的产品。如果可以的话，敏感性皮肤的女性最好不要使用防晒产品，而是选择物理方法来防晒。

## 晒前重“防护”，晒后懂“修复”

好多人以为，被强烈的阳光晒后顶多变黑，过一段时间就白回来了，大不了化妆时将粉底打厚点好了。其实你不知道的是，紫外线不仅能够将皮肤晒黑，还能够让大家变丑、变老，这种丑和老，不仅不能靠彩妆来遮盖，还会严重影响到彩妆的效果。所以大家在被晒之后、上妆之前，要记得及时对肌肤进行修复！

1. 给肌肤降温

晒后肌肤一般首先呈现出发红、发热的症状，这时需要等皮肤不是太热时，用温水清洗晒伤的皮肤，但要注意避开面部。因为面部晒后碰到水的话，会变得更黑。也可以通过吹风的方式来对肌肤进行降温。

2. 温和洁面

降温后，如果脸上有彩妆的话，应马上把彩妆洗去。因为面部排出的汗会与彩妆相混，会对皮肤造成刺激性伤害。在洁面时，要选用温和型的洁面乳，使用偏凉的温水。

3. 敷晒后修复霜

温和清洁皮肤后，急着进行美白是错误的。美白护肤品中的成分会加重晒伤皮肤的负担。这时应该敷上晒后修复霜了。只需将芦荟洗净切开，将流出的汁液厚厚地敷在晒后皮肤上，10 分钟后洗净即可，也可以用薏仁水浸湿过的化妆棉，覆盖在需要修复的晒后肌肤上，来镇定深层发炎组织。敷脸时平躺或者头部后仰，让成分顺着毛孔方向渗进肌肤才能发挥最大效用。

4. 给肌肤补水

受烈日暴晒后，肌肤表皮增厚的细胞会因发炎而纷纷死亡，大约在第 2~3 天开始长出新生角质细胞，这时全脸会开始脱屑，这一时期重点要做的就是为肌肤补水。选择不含油脂的“凝胶式冻膜”，也可以使用“保湿凝霜”充当晚安面膜，可有效地舒缓和镇静暴晒后的皮肤，是为晒后皮肤补水的理想方式。

5. 给肌肤补充胶原蛋白

晒伤后的皮肤水分和胶原蛋白流失得都很严重，这时细纹就找上门来了，应及时为肌肤补充胶原蛋白。一般晒伤不是特别严重的话，约 1~2 天就会退红，到了第三天时，就可以在比较干燥的地方如眼尾、颧骨处擦弹力精华，以预防小细纹的产生。

6. 修复晒后皮肤

除了采取以上的修复措施外，饮食方面还要及时补充多元维生素，因为经过日

晒后，人体内的各种维生素会消耗掉，从而引发血液循环和新陈代谢的不畅，这时要及时补充，特别是维生素 B 以及维生素 A、C，可以促进皮肤的新陈代谢，有助于晒后皮肤细胞的修复和淡斑、美白。

## Q&A（问与答）

**Q：A**

Q：隔离霜和防晒霜这两种产品有什么区别？

A：顾名思义防晒霜无疑具有防晒功能，但隔离霜除了能够防晒，还具有抗氧化、美白和为肌肤补充维他命的作用。所以，相比一般的防晒霜而言，隔离霜成分更精纯，更容易吸收，而且可以防止脏空气、紫外线对皮肤的侵害。

Q：防晒霜的防晒指数越高越好吗？

A：并非是防晒指数越高防晒效果就越好。如果你是干性肌肤，那么就可以用 30+ 的，如果是混合性肌肤，最好用 20+ 的，因为 30+ 的偏油！我在前面有介绍防晒霜的 SPF、UVA、UVB、PA+ 的值是什么意义，你可以参照着去选择！

# CHAPTER 2

# 无懈可击 清透底妆

想要达到“感觉没有化妆”的高境界，首先就要从打造美丽的底妆开始着手。完美的底妆不仅可以保护皮肤不受侵害，还能让肌肤显得健康、有光泽，令面部变得更加立体。

不过底妆可不是越厚越好，太厚的话会使人感觉不自然，所以，尽可能地让底妆变得薄透、细致、有质感，这样才能让你看上去非常自然又显得年轻很多。

# 隔离霜与饰底乳

在正式介绍隔离霜与饰底乳之前，先向大家“科普”一下底妆的一般顺序：

隔离—饰底乳—粉底—提亮、遮瑕—定妆

隔离霜是底妆的第一步，它能够保护皮肤，令其避免紫外线、脏空气以及彩妆品的伤害，无论在任何季节、任何气候的情况下，我们的皮肤都需要隔离霜的保护，所以隔离霜应该是MM们永不离身的物品。

在使用隔离霜的同时配合使用饰底乳，更可以达到平滑肌肤与提亮肤色的效果，大家可以根据自己的需要来进行选择。

## 如何正确使用隔离霜

首先将隔离霜涂抹在两颊骨骼突出的地方，使用中指和无名指轻柔地由内向外按摩。鼻子容易油腻，用量越少越好，鼻翼部分容易堆积隔离霜，需要使用粉扑通过按压的方式进行涂抹。下巴部位需要用手指以画圆的方式来涂抹，延伸的脸部和颈部也需要用粉扑轻轻搽上隔离霜。

眼部要从眼头往眼尾方向按压式涂抹，用中指和无名指指腹轻轻按压。眼尾不是很容易推及，可以用一只手轻拉提眼角将皮肤展开，另外一只手的中指和无名指轻按上隔离霜。

细微的部位如发际线、嘴角都是容易忽略的地方，要用粉扑轻轻按压，薄而透的底妆可以让肌肤紧实且充满弹性，产生透明感和光泽。

在我们的脑海中，往往会存在一定的护肤误区，比如认为隔离霜涂得越厚越好，这当然是不对的！隔离霜隔离的效果，取决于它成分的稳定性，以及配合涂抹隔离霜的手法是否正确。

Tips:

**当你使用的隔离霜能够达到你所需要的防晒指数时，便可以只擦隔离霜，而省略妆前准备中涂抹防晒霜的步骤。**

## 饰底乳——彩妆界的肤色修正液

饰底乳是用来矫正肤色同时改变肌肤质感的产品，为了应付不同肤色的彩妆需求，市面上出现了颜色众多的饰底乳，亚洲女性最常使用的颜色，不外乎黄绿色、紫色、蓝色及珠光色等，现在我就针对不同颜色饰底乳的作用，来进行简单的介绍：

### ❀ 黄绿色饰底乳

多用来矫正泛红的肌肤区块，包括动脉微血管扩张造成的皮肤泛红，或是青春痘问题。使用时，将饰底乳在泛红肌肤范围轻推即可，若泛红情况严重，建议以按压、拍打的方式加强饰底乳与肤色的融合。有痘痘问题的人，请先用黄绿色饰底乳矫正泛红肌肤，再以遮瑕产品遮盖瑕疵，效果会更好。

### ❀ 紫色饰底乳

适合肤色黯沉者使用，尤其适合常被形容为"面有菜色"的人使用。因为紫色是蓝色和红色的组合，这两个颜色可以让暗、黄肤色看起来较白皙。

要特别提醒大家，紫色饰底乳只能在脸部中央重点使用，千万不要贪心将其涂满整脸，否则会让脸色看起来惨白不自然。另外，对于熬夜造成的疲劳肌肤，可以用紫色饰底乳修饰后，再按压一点珠光饰底乳，先将肤色矫正回健康色调，再创造肌肤的光泽感。

### ❀ 蓝色饰底乳

与紫色饰底乳使用方法接近，但蓝色饰底乳较适合粉红色调肤色的人，如欧美白种人使用，紫色饰底乳则与黄种人肤色合拍。

### ❀ 白色饰底乳

用来调和深色粉底液，或提亮眼下阴暗处，可用来进行提亮式修容。

### ❀ 粉红饰底乳

适用对象为肤色惨白、气色不佳者。也可当作液状腮红来用，但切忌全脸使用。

### ❀ 珠光饰底乳

珠光饰底乳可以说是底妆中的仙女棒，能够产生"点石成金"的彩妆效果，我总是称之为"伪妆系"魔法，主要原因是饰底乳中的微量珠光，可以隐身于细纹和毛孔中，制造出健康的肌肤光泽，也能提亮五官，让轮廓更立体，是所有女孩都应该拥有的必备彩妆品。

## 珠光饰底乳妙用无穷

在上粉底之前使用珠光饰底乳能够增加光泽度，将其与粉底调和能够提高明亮感……无论如何搭配使用，珠光饰底乳总是能够制造出浑然天成的好肤质，使用珠光饰底乳是非常高端的彩妆技巧。

另外，我再透露一个实用技法：想要遮盖脸部雀斑或斑点的人，不妨先薄抹一层珠光饰底乳于斑点上，再进行局部遮瑕，此时珠光从底层透出，可以减轻厚重的粉感，效果比单用遮瑕品自然。有时我也会把遮瑕产品与珠光饰底乳调和，代替眼部遮瑕，能让眼纹更不明显，这是因为珠光具有镜面反射的效果，能让细纹隐形哦！

## 珠光饰底乳NG示范

虽说珠光饰底乳好处多多，不过现实生活中仍有不少NG镜头频频上演。为了避免“珠光=猪光”，除非你拥有得天独厚的巴掌脸，否则还是建议局部使用，因为珠光具有膨胀视觉的作用，整脸使用会让你看起来像个大脸怪。我发现日本女生使用珠光产品的技巧非常纯熟，只要是看起来很膨、很凸、很圆的部位都会避免使用，例如：颧骨太高的人要避开笑肌。颧骨高的人眼下容易凹陷，反而要在眼下使用珠光饰底乳；戽斗脸型的人，由于下巴比一般人略长，所以在下巴部位也不适宜使用；圆脸的女孩脸部比较饱满就放弃用在脸颊上吧！

不管是哪种颜色的饰底乳，都是越水润的质地越适合在粉底前使用，饰底乳质地太浓稠会让后续粉感变厚，容易带来浓妆的感觉。

**Tips:♥**

**大家记得脸上的东西越多，给皮肤造成的负担就越重，所以一旦回家无须再出门时，尽快要将脸上涂擦的东西卸除哦。**

## Q&A（问与答）

Q：A

Q：用隔离霜之前一定要先用乳液吗？

A：不管是使用隔离霜、BB霜还是防晒霜、粉底都需要先用乳液打底，以作为皮肤的保护层。在使用乳液之前还要按照步骤做好基本的皮肤护理：洗面乳—化妆水／柔肤水／爽肤水—乳液—隔离霜，这样才能令肌肤获得足够的滋养，同时隔离外界的污染。

# 完美肌肤的秘密——粉底

虽然现在市面上生产出很多粉底替代品，如BB霜，CC霜等，但是在化妆师的心目中，粉底的位置无可取代。在LISA的底妆理念里，上等的粉底更容易上妆，能够更好地遮瑕、调整肌肤光泽，有助于产生我们所需要的高级妆效。所以，如果条件允许的话，一定要使用好一些的粉底。

一般来讲，满足以下几个条件的粉底，便是不错的选择：

❶ 遮盖力强：如果选择遮盖力弱的粉底，我们就不得不多涂很多遍，而具有良好遮盖力的粉底，涂一次就能够遮盖面部瑕疵。

❷ 容易涂抹均匀：不容易涂抹的粉底在化妆的时候需要很高的技巧，而且还会让妆效达不到预期的效果，所以在选择时，要注意挑选容易涂抹均匀、附着力良好的粉底。

❸ 能够带来红润光泽的妆效：一款好的粉底，它会展现肌肤最好的光泽与红润感，消除肌肤黯淡。当一款粉底能够将面部肌肤调整得自然、通透、无瑕时，便说明它是非常不错的产品。

初学者面临的问题是那么多的粉底产品我该如何选择？
没有问题，LISA会教大家最快最直接的入门方法。

## 质地不同，妆效也不同

东方人的肤色基本都偏黄，所以选择与自己肤色颜色接近的粉底和蜜粉就显得非常重要。如何找到那款让自己的妆容看起来自然的产品呢？还得考虑自己的肤色、肤质和场合等因素，接下来就向大家介绍一下关于粉底的知识吧：

### ❀ 粉底液

液状的粉底是目前使用率最高的粉底产品，这种产品含水量高，可以呈现自然透明的肤色，几乎任何肤质都可以使用，可以让底妆实现自然薄透的妆效，也有很多种颜色可以选择，通过粉底液上妆的手法也非常简便易学。

LISA平时用的最多的粉底就是粉底液，这种粉底含水量高，妆后可以呈现出

自然透明的肤色，几乎任何类型的肤质都可以使用，可以让底妆达到自然薄透的效果。

如果要挑选一个入门级彩妆师底妆品牌，可以推荐日本的RMK，这款产品有基础的6个色号，101，102，103，104，105和限定色。为了使大家更好地了解相关粉底产品的特性和使用，有必要作如下简要的概述。

101适合白人或者肤色很白的亚洲人。一般情况下，我的老外模特就会用101，国内明星里面戚薇也会用101，她的小名叫白白，因为她长得真的很白。

102适合肤色偏白或者是向往偏白肤色，但是自身肤色偏黄的亚洲人。一般来讲，102是最好用的颜色，用这个色号的人也最多。RMK的粉底有个自动调节肤色的功能，对于肤色偏黄的亚洲人来讲，不管本来你自己的肤色是什么样的，在使用RMK上色10分钟内，这款粉底都可以根据你的肤色进行自动调色，这真是一个很神奇的功能。

103适合肤色偏深的亚洲人，比如说肤色偏小麦色的女生，或者是白人男生使用。艺人里面陈彦妃使用这个颜色的粉底居多。

104，这也是一款非常好用的颜色，肤色普通的男生都可以用这个颜色。

105这个颜色适合深肤色的男生使用，很多男生都不希望自己很白，因为那样会让自己像个小白脸，所以用105是个不错的选择。林志颖每次化妆都会自带一瓶105来。哈哈，他就是太白了，所以要用点深色的粉底将肤色做黑一些，大家都知道黑色会让演员在镜头里显得更瘦。

限定色，这个颜色只有在日本才买得到，而且还是需要预订的。限定色在我们经常给男演员用的颜色中是最深的。有些肤色被晒成古铜色的男演员们，用105已经不能满足他们的需要了，需要在105里面调入限定色，才能达到他们的肤色要求。李光洁在拍完一个军旅题材的电视剧后，整个人晒得像个黑炭一样，当时就是给他调的限定色。

### 粉底霜

此类粉底的油脂含量比较高，具有遮瑕和滋润的双重效果，中性和干性的皮肤比较适合使用。油性嘛……自然也比较容易脱妆啦！

在以下这几种情况下，适合使用霜状粉底：

❶ 冬天以及气候干燥的时候。

❷ 肌龄30以上。

❸ 特别干燥的肌肤。

❹ 瑕疵较多需遮盖又不想让妆太厚重时。

当以上这些情况出现一种或者几种时，你就可以使用霜状的粉底了。

### 粉底膏

普通女性就算了吧，这个东西如果你没有经过专业的训练很难打出又薄又透的感觉的，通常只有影楼和戏曲舞台上会用。粉底膏具有很强的遮盖力，涂上之后毛孔立刻隐形，让妆面马上便可以达到化妆师需要的色调和质感，能够获得这种效果正是因为其中含有大量的铅和汞，所以用了粉底膏之后，脸部会感到很闷、不透气，如果之后卸妆再不彻底的话，便很容易堵塞毛孔哦。

### 粉条

其实和粉底膏是同样的东西，只是被做成了条状。

### 两用粉饼

这个妆品已经存在于化妆品市场上很多年了，好像从我记事起妈妈辈们就开始使用了。这个东西的粉质感太强，颗粒又粗，整体感觉非常干。自从LISA开始学化妆起，就将这个可怕的妆品扔进了抽屉再也没有用过它。

不过它也自有它存在的价值，那就是可以快速上妆。如果你只有2分钟来打底，那么就用这个两用粉饼吧，还能够用它随时补妆。不过如果你是干性皮肤的话便要慎用，因为用两用粉饼上妆之后容易看到眼角的细纹！

讲了这么多，目的是让大家懂得不同妆品的内在的特质，找到适合自己的颜色。

### ♥♥♥ 根据肤质选择适合的粉底

1.LISA建议和自己一样拥有干性皮肤的女性们，要使用粉底霜或者是滋润一些的粉底乳，特别是在干燥寒冷的季节。一些滋润修颜粉底乳，是目前LISA自己最喜欢用的一类粉底，这类粉底超级滋润，颜色也很自然，可以让细纹都看不见哦，让你的肌龄立即年轻5岁。

2.混合性肌肤的妹妹，LISA建议使用粉底乳、粉底液，两用粉饼也OK。

3.油性肌肤容易出油脱妆，特别是在湿润温暖的季节，可以在使用隔离霜之后再使用粉底液和两用粉饼，不要使用霜类的产品哦，那样你会变成一个超级大油田的。

## 认识上粉底的工具

很多人在面对上粉底的工具时都感到很困惑，因为据说能用的实在是太多了，手、刷子、海绵……

LISA的建议是用刷子，配合海绵，最后用自己手的温度去帮助肌肤与粉底相贴合。

接下来我要给大家看一下LISA在用的一些上粉底的工具哦！都是超级好用的！

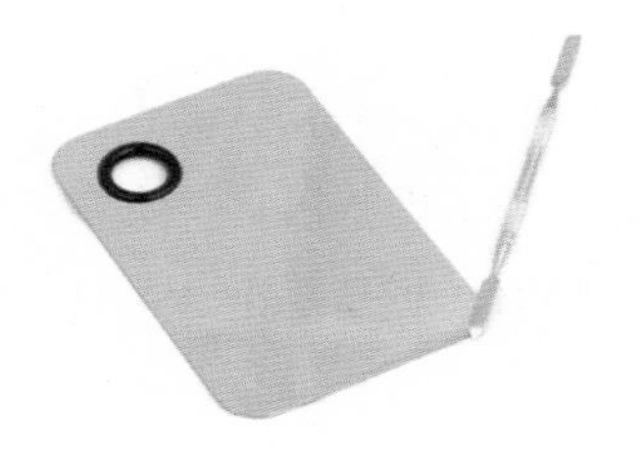

调色板

刷子

## 海绵、刷子和调色板以及我们的双手

五角海绵

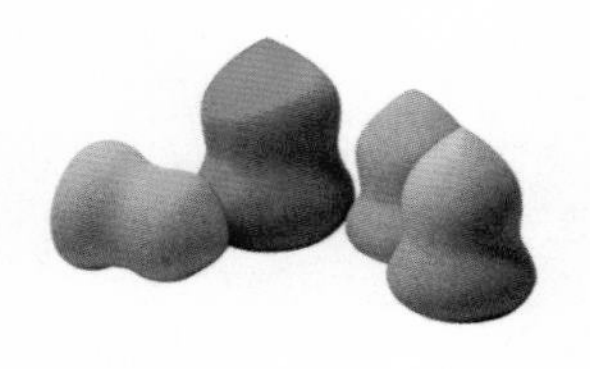

葫芦水滴状海绵

三美人海绵

海绵的选择，主要是看海绵的弹性和空隙的紧实度。

五角海绵：五角特殊设计，能够深入涂抹到鼻翼、眼角等细小区域，同时能够让使用者的手指轻易拿捏。

葫芦水滴状海绵：面部的细微部分也能照顾到，可以节省粉底用量。

三美人海绵：便宜，可以剪开分多次使用。

## 粉底刷

在这里，LISA建议你准备两把粉底刷，一大一小。

大的粉底刷，目前我用的是山羊毛粉底刷，这种刷子质地柔软、上色均匀。

小的粉底刷用来混合不同颜色和质地的粉底，局部遮瑕用。

## 不锈钢调色板

这个在网上的一些化妆品市场里都能买到。大概几十块钱一套带一个调色棒，是我们上粉底的好帮手。

以前LISA都是在手背上调色，经常把手背弄得五颜六色，而且没有用完的粉底很快就被皮肤吸收，又浪费又难看，一不小心还会沾到衣服上、头发上，非常不雅观。自从用了这个调色板，所有的问题就都解决了，而且现在LISA特别享受粉底调色的乐趣。

你可以用配套的调色棒，将霜状的和膏状的粉底挑起一定的量之后，放在调色板上面，粉底液可以挤在另一边，不用的颜色都可以放在上面，然后根据自己今天要的妆效来调和需要的粉底厚度和颜色。

特别对化妆师来说，如果过一会儿模特需要补妆的话，也不需要重新调色了，

因为不锈钢是不会吸收粉底的，只要在6小时以内，基本上你调剩下的粉底都是可以使用的。是不是很神奇的一样工具，如果你使用过这个玩意儿一定也会和我一样爱上它。

## 上粉底的步骤

前面我已告诉大家一个最简单的方法，即在购买粉底时，选择与自己肤色最为接近的颜色，就是最适合你的粉底颜色。

选好了粉底，接下来我要讲述的便是粉底的上妆顺序了。

按照由先到后，上粉底的顺序为：两颊—嘴巴周围—下巴—鼻子—额头—眼睛周围—两腮—脖子

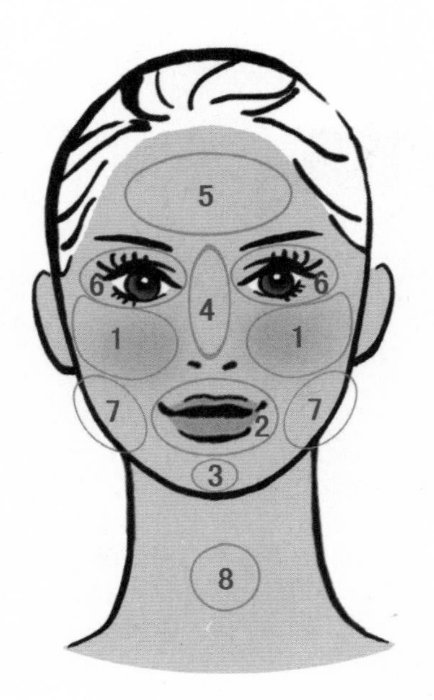

将小粉底刷的两面均蘸上一定量的粉底，将其涂在眼下两颊部位。

用海绵将粉底在三角区位置轻轻拍开，注意法令部位也要沾上粉底，并继续用海绵将粉底拍开。

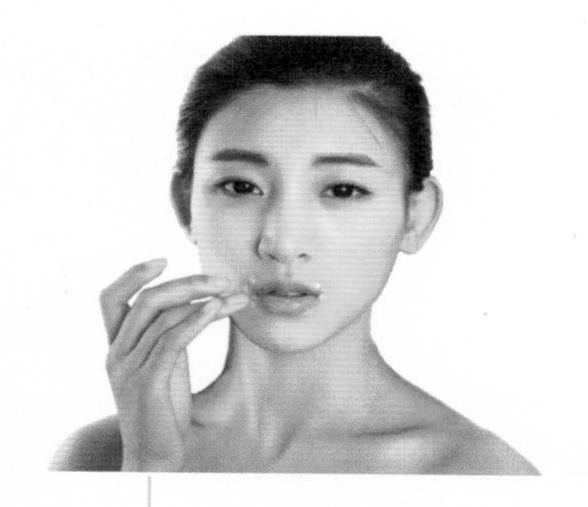

将嘴巴周围打上粉底，注意不要遗漏嘴角的位置。

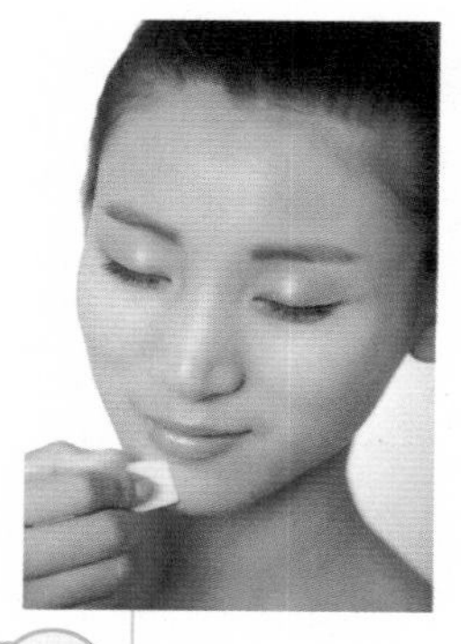

将下巴处涂上粉底，并用海绵拍开。

然后是鼻子和鼻翼的地方，鼻翼部位可以用葫芦海绵来上粉底，以免照顾不到细小的部位。

接下来是在额头部位上粉底，注意中间粉底用量最多，周围用量逐渐减少。

6

蘸取少量的粉底在眼睛周围，用海绵轻轻拍开。

7

在调色板上挤上深色的粉底，在两腮的位置用另一只大的粉底刷蘸上深色粉底。

然后用海绵将深色粉底在两腮位置轻轻拍开，注意和刚才浅色粉底之间的颜色衔接。

8

将海绵上剩余的粉底液涂到脖子上。

9

将干净的双手搓热，并慢慢地覆盖到上过粉底的脸部，让手部的温度使粉底更好地与皮肤相贴合。

## LISA的粉底上法，好处多多

以上教给大家的这些粉底上法，都是LISA总结出来的秘籍，通过LISA粉底上法来上粉底，可以让各种工具都物尽其用，避免了它们各自的缺点，将它们最大的优点发挥出来。

### 要点

小粉底刷，帮助你控制用量和颜色，万一有误时还可以及时进行调整。

海绵可以帮助你更加方便地打匀粉底并令其贴合皮肤，初学者尤其适合使用。

粉底刷配合海绵还能减少粉底的用量哦！

因为深浅色的粉底最好是用不同的粉底刷，所以 LISA 会建议你们用另一只稍大的粉底刷在两腮处上深色的粉底。

而最后用手来为面部加热的步骤，能够让你的粉底更加贴合皮肤，这个绝对要记得，因为有了这个动作你的妆效可能会比其他人的持续得更久。

这些要点大家都记住了吗？

**Tips:**

很多人涂抹完一层粉底之后就开始急着定妆，其实 LISA 告诉你，粉底是可以涂抹两层的，这样还能让效果加倍呢。

第一层的粉底只是为了均匀肤色；而第二层粉底可以增加遮瑕力以及更好地修饰肤质。

第二层粉底上妆时，在眼下和脸颊的暗沉处，鼻翼毛孔处，以指腹蘸取少量粉底，轻轻重复按压推匀，用海绵轻按肌肤，使底妆紧紧贴于皮肤。

## 关于化妆工具的清洁和保养

现在有很多喜欢化妆的人，总是在化妆后把自己的工具随便扔到哪里，等下次化妆时接着用。其实这种做法是非常不可取的，因为工具的好坏，会直接影响到化妆的效果，甚至影响到皮肤的健康状况。所以，我们化妆后一定要好好保养自己的化妆工具。

| | |
|---|---|
| 粉底刷 | 婴儿香波加上温水是清洗粉底刷的最好办法！洗完之后，挤干刷毛上的水，然后将其放平，将其晾干。如果你使用的是和粉底连在一起的刷子，那么就需要使用湿巾来清洁，否则水会倒流进粉底内，影响粉底的质量。 |
| 化妆刷 | 刷子在每次使用后，要用纸巾把沾在上面的残留物擦拭干净。如果使用时间长了，觉得特脏时，就要用清洁剂仔细地清洗刷毛部分，然后用纸巾擦干，放在通风的地方阴干。刷子很容易掉毛，所以在清洁时不要太用力。 |
| 海绵、粉扑 | 用来涂抹粉底的海绵很容易滋生细菌，建议你使用4~5次后，用香皂或洗面奶将它彻底清洗干净，洗净后不要用手拧，要用毛巾卷住，压干多余水分，放在阴凉处晾干。如果发现海绵清洗几次后，边缘有些破碎，就该换新海绵了。 |
| 金属调色板 | 通常使用完调色板和使用调色板之前，我都会用带有酒精成分的湿纸巾擦拭调色板和调色棒的两头。使用后我会将调色板放置到专门的袋子里面保持整洁。 |

## Q&A（问与答）

Q：A

Q：为什么我上了粉底仍然脸色黯沉没有精神？

A：这可能是你的粉底颜色过于暗沉，所以显得脸色比较灰黯。一般来说，亚洲女性最常见的肤色问题是缺乏血色、苍白偏黄，给人暗淡之感。想要解决这个问题，可以在正常使用的粉底中混入含有微亮粒子的饰底乳调和使用，混合比例是3:1。

Q：粉底是否能实现保养的效果呢？

A：其实，将保养概念引入粉底在多年前就已出现。不过，早期的保养粉底大多只能实现保湿、控油这些相对简单的功能。而现在各种顶级保养品里才有的成分也得以运用到粉底之中。我觉得你不妨把粉底作为保养程序的延伸，它可以巩固你的保养成果，但是它绝对不具备单独实现护肤功效的能力。

# 神奇的立体提亮、遮瑕术

当你已经有意识妆面需要提亮时，那么恭喜你已经在专业化妆的道路上大大地跨进了一步。

我们为什么要提亮呢?

大家都知道我们的脸是立体的，学过绘画的朋友都知道明暗这个原理，亮面有外凸的作用，而暗面有收进的作用，在底妆的步骤中，上粉底便相当于给面部进行了收进，那么接下来便要用提亮的方法使脸看上去更加立体。

## 面部提亮的部位

在面部适当的位置打上高光，能够增加面部的立体感，强调面部的轮廓。因此面部提亮是不可忽视的。那么，到底需要在哪些部位提亮呢？

### 需要提亮的部位：

鼻梁—三角区—下巴—额头中部

### 必备的提亮工具

常用必备的提亮工具有：

明彩笔

❶ 明彩笔，其种类有许多，可根据不同需要进行选择。

❷ 遮瑕象牙色

❸ 提亮笔

遮瑕象牙色

另外，如果没有提亮产品，选择比你粉底浅一号的粉底再调和一点点的霜或膏也是可以的。

## 正确提亮，让面部更立体

认识了提亮部位和产品，那么应该如何操作呢？接下来，LISA便来教你：

❶ 用明彩笔将你要提亮的部位点上产品。

❷ 用手指或者是海绵将产品轻轻拍开，注意一下和粉底颜色的过渡。

注意 鼻头部位不要提亮，否则会让鼻头显得过大。
如果下巴已经很长的话，就不要在下巴处提亮了，否则下巴也会显得更大。

## 需要遮瑕部位的确认

在这里LISA要好好跟大家说说遮瑕这件事情。
一般情况下，我们所谓的瑕疵无非是以下几种情况：

❶ 眼部
黑眼圈、眼袋、泪沟
❷ 脸部
斑点、嘴角发暗、鼻翼泛红、痘印、凸起的痘痘、凹陷的痘疤

## 遮瑕产品使用的注意事项

遮瑕产品具有各种各样的颜色，比如：紫色、绿色、橘色、蓝色，等等。

以前大家接受的遮瑕理论：

发青的眼圈用橘色遮瑕膏；红色的痘痘用绿色遮瑕膏；发青的眼圈用紫色遮瑕膏……

但是你会发现，当你按照这些理论去操作之后，你的脸基本已经毁了，变成了五颜六色的大花脸。

所以如果你不是化妆高手，就请停止使用有颜色的遮瑕膏，因为你根本无法控制这些颜色。

## 最简单管用的遮瑕法

现在LISA来教大家最简单直接有用的遮瑕法。

### ❀ 如果不是很严重的黑眼圈

只是因为色素沉淀而引起眼部颜色不均匀，那么你只要用一支眼部遮瑕乳或者象牙色遮瑕乳就OK了，这个遮瑕乳的质地比普通遮瑕膏黏稠、湿润，适合遮瑕提亮同步进行，非常实用。

将遮瑕乳点在眼部周围，用无名指轻拍匀就OK了，黑眼圈便被遮住了！

### 如果是比较严重的黑眼圈和眼部发青

LISA建议你用遮瑕膏，选择PEACH色（桃色）点在眼睛周围，黑眼圈部分先用手指上一层遮瑕膏，然后再上粉底。

在眼部点遮瑕膏的方法：

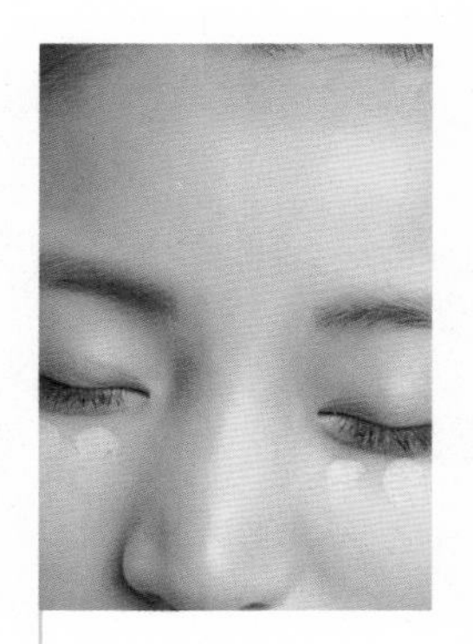

将遮瑕膏点在黑眼圈和肤色暗淡的位置上，用无名指取固体遮瑕膏，从内眼角开始依次点在下眼睑处3个位置。

推开遮瑕膏，用手指的指腹轻轻拍打按压，在眼睛边缘滑动手指仔细将遮瑕膏推开。

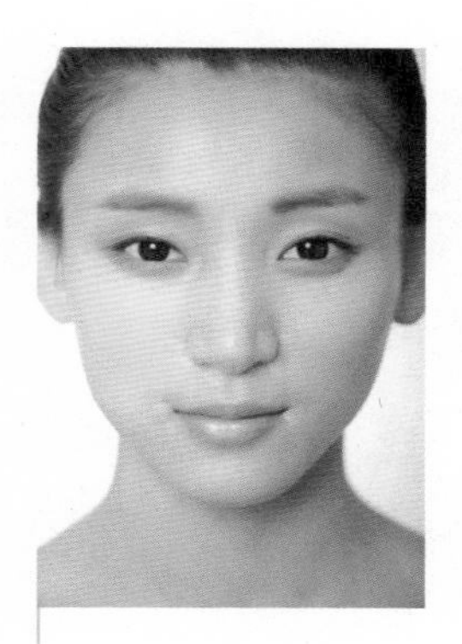

将遮瑕膏点在鼻翼、嘴角四周。

用指腹轻轻敲打按压，使遮瑕膏均匀地与皮肤相贴合。

想要遮盖细微处的瑕疵，比如粉刺、痘痕和色斑等时使用遮瑕笔。

这个用法LISA是以前在给电视剧演员上妆时琢磨出来的，通常演员都或多或少会有黑眼圈，但是在挑剔的镜头面前是容不得一点点瑕疵的，所以说遮瑕是我们化妆师最大的难题。

如果你没有PEACH色，OK，其实用粉底和橙色的遮瑕膏也是可以调出PEACH色的。

### 如果是眼袋和泪沟

由于眼袋和泪沟而产生的瑕疵，一般情况下是无法被完全遮住的，只能通过遮瑕来缓解。对付眼袋和泪沟，在正常地涂完遮瑕乳之后，还需要遮瑕膏来帮忙。

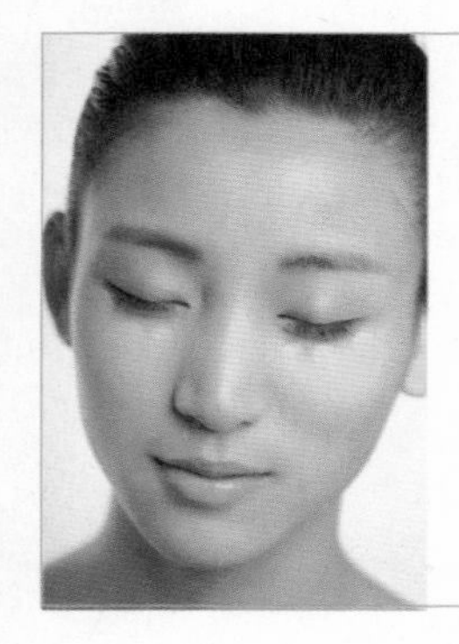

1. 在正常光线下，对着镜子观察自己的眼袋和泪沟，找到阴暗面。

2. 找到比自己肤色浅一号的遮瑕膏。

3. 用遮瑕刷轻轻地将遮瑕膏涂在阴暗面上，然后进行与光亮面的过渡。

4. 用无名指将遮瑕膏轻轻拍开。

细小部位也要进行遮瑕，比如：鼻翼、鼻孔下部、嘴角。

### 如果是色斑或者痘印

找到比你肤色深一点点颜色的遮瑕膏，用遮瑕笔或者指腹轻轻地在瑕疵部位涂抹，注意周边的过渡，切忌留下一个个小点点没有过渡。

### 如果是突起的几颗红色痘痘

选择比你肤色深一号的遮瑕膏，点在痘痘上面，边缘过渡。

### 如果是大面积的痘痘

那么劝你尽量就不要上底妆了，赶快把自己的痘痘消灭了再上底妆吧，底妆只能暂时遮盖你的瑕疵，如果卸妆不干净的话，还会堵塞你的毛孔让你的痘痘愈演愈烈！

**Tips:♥**

另外给大家一个遮瑕秘籍，是LISA多年来与演员们的瑕疵战斗获得的经验：

1、腮红位置上移会有效地转移人的视线，令人在视觉上忽视黑眼圈问题。

2、斑点和痘印可以在上完散粉定妆后再遮瑕，效果更好。

3、在做眼部化妆和遮瑕之前切记做好保湿工作，可以使妆容更贴合肌肤、妆效更轻薄。

## Q&A（问与答）

Q：A

Q：有没有令面部更具立体感的提亮秘籍？

A：除去在前面提到的提亮部位打上高光之外，还有就是在鼻梁两侧使用深一个色号的粉底，这样会更加突出鼻梁的高度！同样的，在两颊边缘也可以用深一个色号的粉底，会令比较宽的脸显得更加修长！

Q：敏感肌进行遮瑕、提亮的规则是什么？

A：一般情况下，敏感肌容易泛红、起皮，不容易上妆。首先，在上妆前要对敏感肌做好保湿护理工作，然后在两颊敏感部位涂上颜色深一些的遮瑕膏，掩盖泛红的肤色。然后将贴近肤色的粉底用海绵轻拍在脸部，最后在需要提亮的部位进行提亮。记得所有步骤都要用轻拍的方式，尽量不使皮肤再次受到刺激。

# 定妆：轻轻一扫，宛若新生

请不要忽视定妆这件事情！！这可是决定底妆是否完美的关键步骤。每次我看见脱妆女孩的脸，都会情不自禁地想要好好给她上一节定妆课，只有进行正确的定妆，才能有效防止脱妆，令妆效更加持久、自然。

至于定妆不可或缺的定妆粉，市面上具有散粉、蜜粉、压缩蜜粉等很多种叫法，其实都是同样的东西，根据自己的需要选用即可。

## 定妆的意义何在

我们的皮肤是一直在呼吸着的，而且会分泌出油脂和汗水，我们涂上去的粉底也属于含油产品，所以很容易就会被溶解掉。定妆粉的作用就是在完成粉底步骤之后将底妆牢牢地锁住，尽量延长妆容的新鲜持久度。

而且告诉大家一个秘密，上过定妆粉之后的皮肤在1~2个小时之后会呈现最自然的状态，因为此时皮肤分泌的油脂和脸上的细粉颗粒会融合成脸部的一张自然保护膜，令皮肤看起来自然透亮。

**Tips:**

请抛弃珠光的散粉吧！！

1、亚洲人的脸普遍比较扁平，如果再用具有扩张作用的珠光类散粉会显得脸更大。

2、大面积的珠光会使脸看上去油腻腻的，好像没洗干净。

3、如果非要使用请在提亮部位局部少量使用。

**Tips:**

我们需要准备深浅两种颜色的定妆散粉！！我们需要让脸部更加立体，高光区域可以用透明色散粉定妆，两侧脸颊可用深色散粉进行收缩，这样会使妆效看起来立体且更自然。

## LISA常用的散粉与工具

无色散粉（colorless）

透明散粉

散粉刷

平头散粉刷

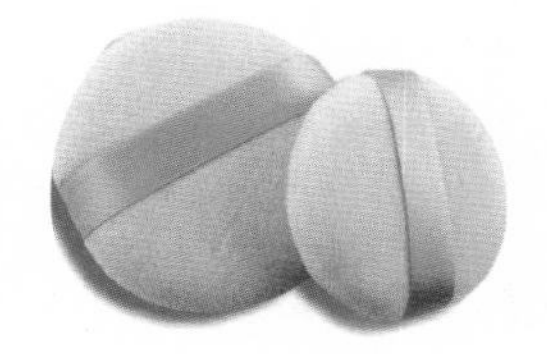

粉扑

**Tips:♥**

**刷子的好处在于非常轻薄且能扫去脸部多余的粉末。**

**粉扑定妆更加严实，定妆效果更持久。**

**通常我们会先用散粉刷全脸扫一遍散粉，再在脸部容易出油的位置用粉扑进行二次定妆，以达到最完美的定妆效果。**

## 明星定妆步骤大公开

大家看到荧幕上光彩熠熠、肌肤吹弹可破的明星们，是不是非常嫉妒呢？他们的妆容怎么可以那么自然呢？这就要说到在化妆过程中至关重要的一步——定妆！定妆主要是为了使妆面柔和均匀以及固定基础色，是令妆面干净、持久的重要保证。所以只有定妆后的妆面才会显得自然和谐，这样才能达到预期的效果。

下面LISA就要公布明星们的定妆步骤喽：

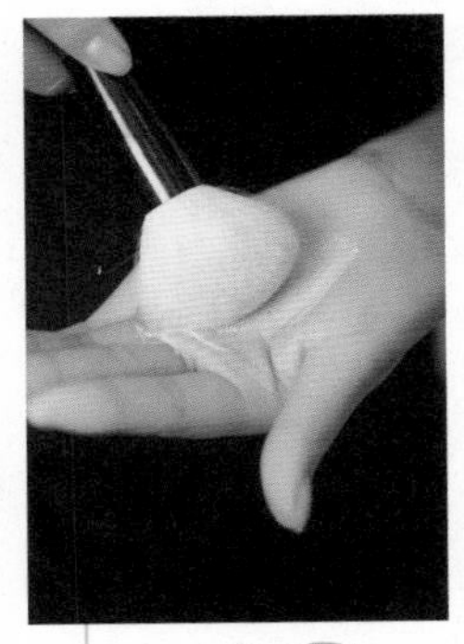

用散粉刷蘸取适当的粉量，在手心调整，确保散粉均匀地覆盖在刷毛上。

按照上粉底的顺序进行上散粉的步骤。

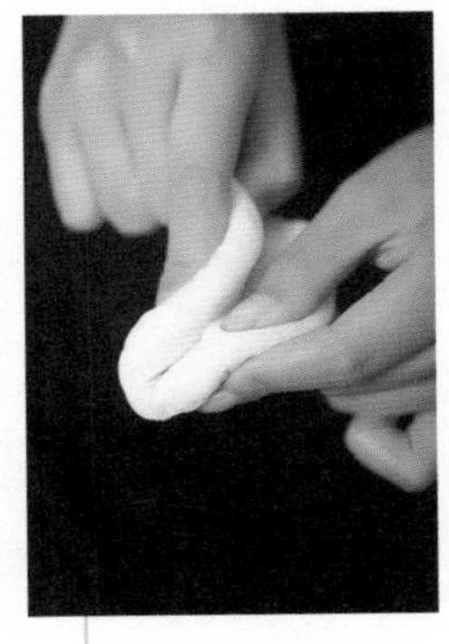

用干净的粉扑蘸上适量的散粉并且揉搓粉扑。

在鼻翼、两颊、额头等易出油的部位用粉扑轻轻按压。

用平底散粉刷蘸取深色散粉。

以打圈的方式在两腮部位上深色散粉。

最后拿干净的散粉刷扫去脸部多余的粉末。

## Q&A（问与答）

Q：A

Q：定妆很重要吗？

A：打完粉底液后一定要定妆，否则妆容不持久。脸上泛油光、眼影腮红涂不匀都是因为定妆不好造成的，这时候你还认为定妆不重要吗？

# CHAPTER 3

# 侧影和腮红——给你小脸好气色

相信吗？腮红能使你看起来年轻 5 岁！不同的腮红打法和腮红颜色会让你立竿见影地展现出各种不同的气质。

如果想在成熟中寻找可爱，就打造圆形腮红；如果需要体现成熟与知性的魅力，那么请打造月牙形腮红……

腮红还可以作为侧影使用，腮红与侧影相结合，更能让你的脸型变得立体而又紧致、最大限度改善你的脸型和气色。

赶快在你的化妆箱里添置专业的腮红和侧影刷，并且在化妆步骤中不要遗漏这两点，灵活地使用腮红和侧影，玩转彩妆不是梦哦！

## 不同脸形的腮红、侧影位置

圆脸：圆脸形的人脸部两旁的轮廓比较宽，所以可以在颧骨两侧扫上侧影，而腮红的位置可以稍微集中一点让别人的视觉注意力向中间靠拢。

长脸：长脸的女生可以在下巴和额头部位扫上阴影，而腮红的位置可以略微下调一点点，另外腮红的形状可以横向处理，不适合斜打。

方脸：方脸的问题是脸部棱角太多，需要用阴影在脸部棱角部位进行处理，比如说下颌骨、额头发际线等部位。腮红的话可以试着斜打，能够拉长脸部线条。

正三角脸：正三角脸的问题可能是脸部的脂肪堆积得太多，或者是下颌骨太过突出，所以记得在突出的部位扫上阴影，而腮红的位置可以略微上移，这样别人的注意力就不会放在比较宽阔的脸部了。

倒三角脸：倒三角形脸其实是个不错的脸形，只是这种脸型的人额头会比较阔，所以需要简单用阴影处理额头部分的问题就好了。腮红形状的选择就很多，想要展现可爱用圆形，想要展现成熟则用斜形。

菱形脸：这种脸型的女性颧骨会比较高，所以主要还是要在颧骨部位做一些阴影修饰，而腮红的位置记得要避开过高的颧骨，可以打在颧骨的下方。

# 侧影，让瘦脸立竿见影

## LISA使用的小脸利器

斜角侧影刷：

特殊的角度设计能更好地控制两侧阴影的线条

侧影产品：修容饼

## 打侧影的步骤

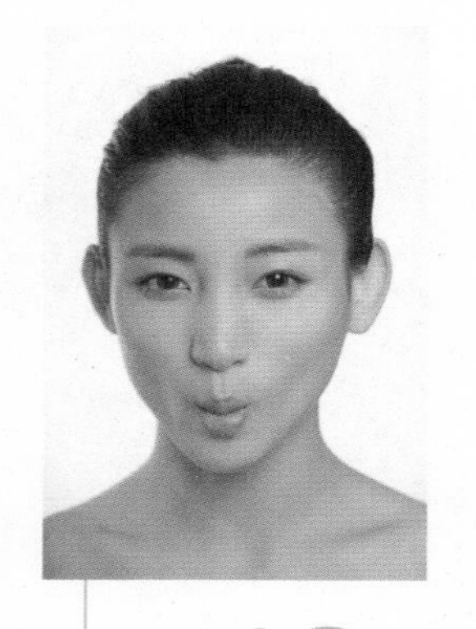

嘴部做吸允的动作，找到自己的颧骨线。

用侧影刷蘸上少许侧影粉，从颧骨下方向耳朵方向，沿面部轮廓线向下颌打入阴影。

阴影的边界与肤色融合在一起。

## 使用侧影你必须知道的事

侧影虽然能够使你的面部更“有型”，但是，它也并不是在所有场合和情况下都适用的。在决定使用侧影时，一定要先弄清状况，如果条件不允许，宁可不用，否则便会适得其反呢。

❶ 淡妆的话就忽略侧影这件事情吧。

❷ 白天的妆容也尽量少用侧影。

❸ 记得侧影与周围粉底颜色的过渡，切忌黑黑的两道！

❹ 有双下巴的同学，可以在脖子下面也扫上一些侧影粉哦！

## Q&A（问与答）

Q：A

Q：鼻侧影怎么化呢？

A：鼻侧影常用的颜色为褐色、暗色和紫褐色等。化妆中应注意两条侧影均匀对称，沿鼻梁平直轻扫，避免出现歪斜、移位或错位；鼻梁两边侧影的间距一般为1~1.5厘米，太宽太窄都不自然；侧影的起始应呈弧形，避免直角状；侧影的内侧平直，外侧应晕染，勿呈线条状。

Q：怎么打侧影显脸小呢？

A：大概很多MM们都很关心这个问题吧！想瘦两侧的话就要往脸两边的下侧打，你可以摸一下，腮下面连上脖子的地方有两块硬骨头，侧面打在这个位置就会显瘦，但是注意不要超过到脸上，就是正面看不到最好，额头打在两额上，这样就会显瘦了，建议可以将侧影与提亮一起配合使用。

# 面若桃花你也行

## 不同质地腮红的功能

❶ 液状：含油量少，或是不含油。使用液状腮红要小心控制涂擦晕染的范围，这种腮红适合偏油性的肌肤使用。

❷ 慕斯状：质地清淡，一次用量不宜太多，以多次覆盖的方式涂擦，效果会比较自然。适合偏油性的肌肤使用。

❸ 乳霜状：质地柔滑，一次用量不宜太多，控制不好面积就会越擦越大，适合偏干性肌肤使用。

❹ 膏饼状：适合搭配海绵使用，延展效果较佳。可以制造出健康流行的油亮妆效，适合偏干的肤质使用。

❺ 粉末状：质地轻薄，容易控制涂擦范围，适用于初学者和偏油性皮肤使用。

## LISA告诉你关于腮红的秘密

看见了那么多质地的腮红，你是不是被那些五颜六色、包装精美的腮红给吸引住了呢？在逛化妆品柜台的时候是不是被导购小姐们的花言巧语给迷惑住了呢？

让LISA来告诉大家关于腮红的秘密吧。

秘密❶：

对于化妆师们来说粉状腮红永远是第一选择与最佳选择。

原因很简单：色彩丰富，容易改妆与补妆。

而其他不管是液状、膏状、乳霜状还是慕斯状的腮红，其实都是一回事，都需要你在定妆之前使用，不然你就等着脸颊的粉底变花吧。所以除非是需要化防水的妆容，否则化妆师们不会选择这四种类型产品作为模特的腮红用品。因为它们既没有很多颜色供选择，也很不容易补妆。

秘密❷：

选择万能色，不管什么妆你都能掌控住。

## LISA手中的万能色腮红

樱花粉色，所有人都适用的万能色。

桃粉色，比较中性的粉，不会过于可爱。

橙色，可以结合其他颜色进行调色。

基本上如果只是想要化个漂亮的生活妆，那么LISA介绍的这几款腮红颜色已经足够对付了。

## 不同类型腮红上妆方法

嘴角上扬确定上腮红的位置，在颧骨高的位置上腮红，在腮红和侧影的重合处做出完美过渡。

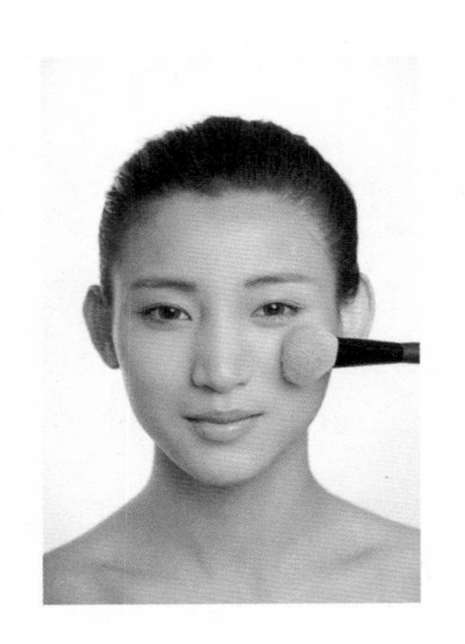

❶ 甜美妆容腮红打法，就是圆形刷法。平视镜子微笑，两块特别突出的肌肉就是苹果笑肌，在苹果笑肌上面，以与脸部垂直的方式拿腮红刷以画圆方式晕染，便能出现可爱甜美的效果。

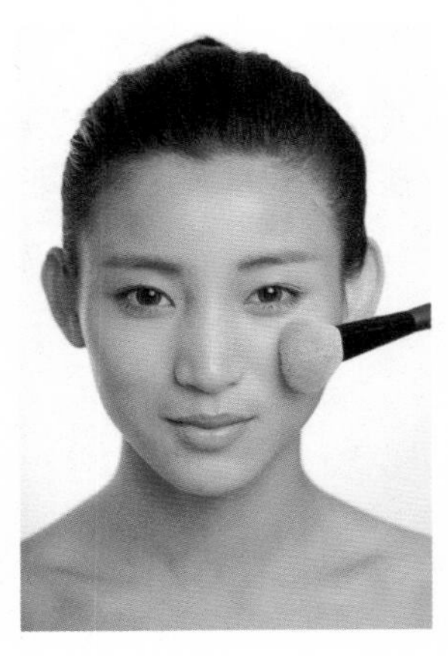

❷ 知性妆容腮红打法，就是斜型刷法，平视镜子微笑从太阳穴发髻往突出的笑肌方向来回刷拭，能强调脸型线条，所以也有修容的效果。柔和修饰处的立体轮廓。这种打法能够给人成熟、优雅、知性的感觉。

## Q&A（问与答）

Q：A

Q：在手头没有腮红粉的情况下，可以用唇膏、眼影救急吗？

A：可以，关键在于颜色和质感的选择，如果是粉色或者橘色系，那么就要使用哑光质地的唇膏以及眼影代替腮红。

Q：如何避免腮红画得过重，成“晒伤”脸？

A：使用专用的腮红刷。腮红的颜色不宜过深过重，自然暖粉色或者暖橘色最佳。位置的选择很关键，不一定要求自己太专业，只要微笑在笑肌的位置轻轻打圈，起到点亮气色的作用即可。

# CHAPTER 4

# 眼妆到位，眉目自可传情

古往今来，还有什么能比眼神所传达的风情更令人神往吗？

所谓顾盼生姿、眉目传情，无一说的不是眼波流转带给人无限的遐思。眼部妆点到位，可以使一个人在神韵方面给人以脱胎换骨的感觉。眼部化妆的技法一定要拿捏得当，妆效相宜又浓淡有致的眼妆和眉妆，会为你增添别样的风采与魅力。

# 质感眼影轻松打造

## 各种不同质地眼影的分类

### 饼状眼影粉

待妆时间比较长，可以做眼部的渐层晕染，能非常好地衔接色与色的过渡。这种眼影粉分为亚光和珠光两种质地，不仅品种多样颜色也最为丰富，无论是普通大众还是专业彩妆师都必须要具备。

### 蜜粉状眼影粉

一般罐子里装着的眼影粉就是它咯！此类产品通常附着力较弱，以珠光或大亮片的内容为主，是party爱好者的秘密武器，缺点是不容易掌握用法，容易产生掉渣状况以及夸张的妆效，所以化妆新手要谨慎使用。

### 眼影膏

分为水溶性与油性两种，特点是能够快速上妆，缺点是不易衔接颜色，并且容易在双眼皮处出现褶痕，想要化出鲜艳的眼妆可以先用眼影膏打底再上眼影粉堆叠。

### 眼影笔

特点是方便携带，易于补妆，缺点是质地其实和眼影膏很像，不易晕染和衔接。

## 眼影工具使用扫盲

化眼影的基本工具，不同形状和大小的适用于不同部位的上妆。

### 动物毛眼影刷

眼影刷的刷毛以动物毛为佳。一般分为小马毛、山羊毛和水貂毛三种，前两种最常见，价位适中；水貂毛是最好的刷毛材质，质地柔软且经洗耐用，也最为昂贵。

### 纤维毛眼影刷

纤维毛的眼影刷更适用于矿物粉眼影，能更好地传递力度与加强颜色。

### 海绵刷头

能够使眼影在眼睛上的附着力增强。

### 手　指

一时间找不到工具时，手指便是快速上妆或补妆时的法宝。

## 简单易学的四步眼影打造法

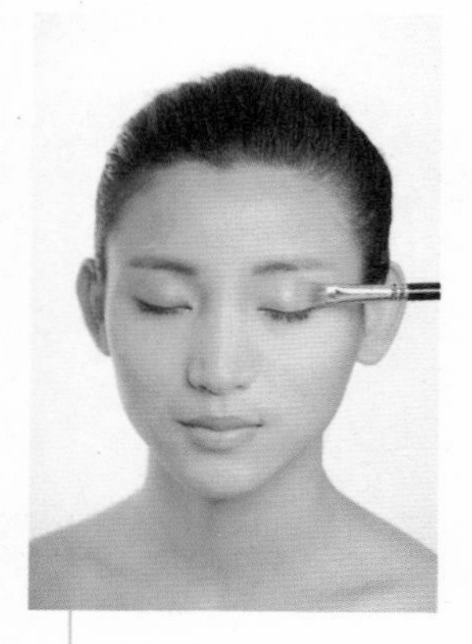

涂基础色，用1厘米左右宽的眼影刷取带有珠光的浅色眼影，将眼影在手背上调一下色后，涂擦到眼睑上。

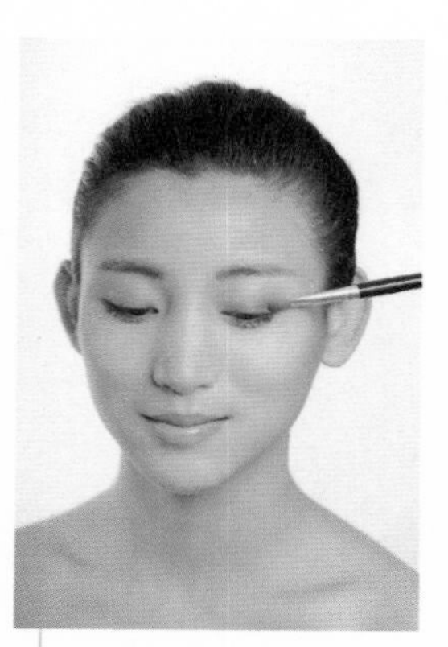

涂中间色，用宽7毫米左右的眼影刷取较深色眼影，在手背上调一下色再涂擦在眼睑中央位置。

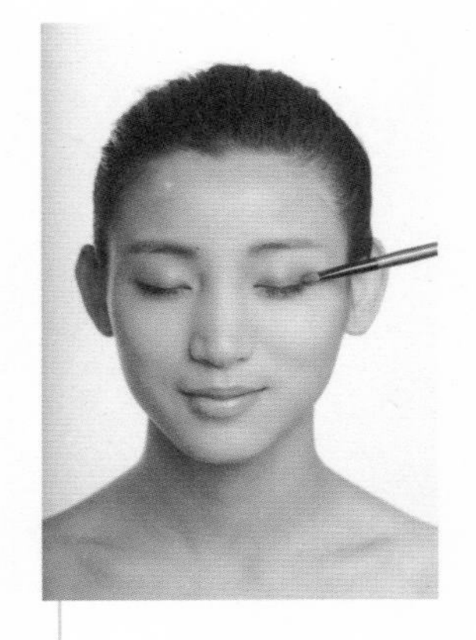

涂擦眼线，沿着眼睛边缘用眼影刷画出深褐色的边线，这时候要选择顶端较薄并有点硬度的平笔刷。

画出下眼睑，从下眼睑的 1/3~2/3 开始画出深褐色，选择顶端较细稍具硬度的平笔刷。

## 让眼睛增大一倍的眼影技巧

眼睛小、单眼皮、睫毛稀疏等烦恼你有吗？跟着LISA老师学习立刻让你眼睛增大一倍的眼影技巧，可以立刻让你眼睛变大，能够让眼睛多出3毫米呢，简直像你梦想中的一样大！行动起来，让我们一起来轻轻松松做个电眼美女吧！

眼影技巧步骤：

先用黑色眼线笔将眼线填满，在眼尾处拉长加宽，将眼睛形状调整为平行四边形。

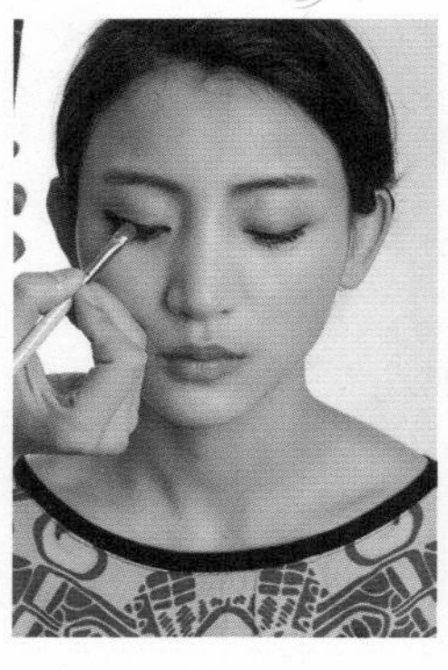

将黑色眼影按压在眼线上面，为眼线定妆。

用干净的眼影刷从眼尾往前将眼影晕染开。

用眼线膏或眼线液笔重新拉一条完美的眼线，记得始终令眼睛的形状保持平行四边形。

粘贴假睫毛。

对比图

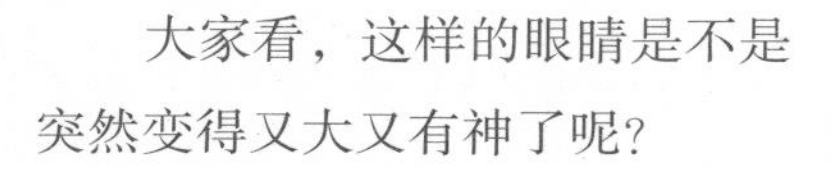

大家看，这样的眼睛是不是突然变得又大又有神了呢？

## Q&A（问与答）

**Q：A**

Q：怎样判断眼影刷的优劣呢？

A：在肌肤上轻扫几下，触感温柔舒适，没有任何刺痛感。

用手指夹住刷毛，轻轻往下梳，没有掉毛现象。

将刷子轻按在手背上，呈现完美半圆形，剪裁整齐、弧度完美。

Q：有了专业的刷具，眼影盒里配的眼影棒和眼影刷都没用了吗？

A：眼影盒里配的眼影刷刷头比较小，能用来涂抹一些细小的部位，比如眼角、眼尾、眼皮的褶皱处等，外出时补妆也很方便。如果你的眼影都配有小刷具，再准备大眼影刷和中眼影刷两把刷子就可以了。

# 眼线：创造魅惑的迷人眼神

## 各种类型的眼线产品

### 眼线笔

颜色比较柔和，比较适合初学者使用，方便勾画内眼线，但是线条感不明显，不适合用于拉长眼线。

### 眼线膏

可以勾画出流畅的线条，防水防汗，不容易晕妆。但是眼线膏不方便补妆，需要用到专业的化妆眼线膏刷，操作起来比较复杂，所以眼线膏适合专业的化妆师使用。

### 眼线液

线条感最佳，防水防汗功能最强，非常适合化大浓妆使用。缺点是妆感过于强烈且不容易上妆。

## 基础眼线的画法

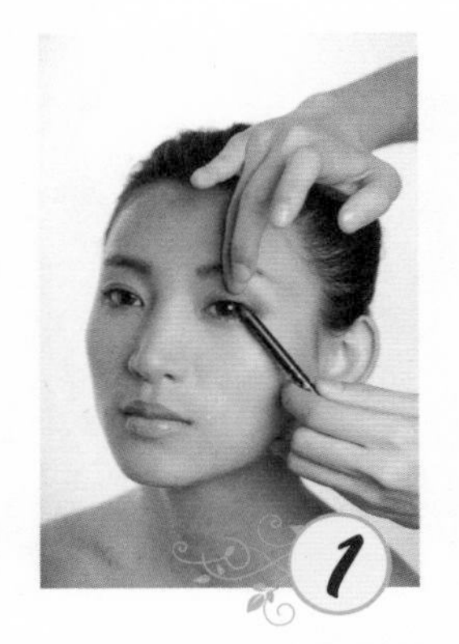

用黑色眼线笔画内眼线，用一只手向上提起眼睑，另一只手在上眼睑、睫毛内侧用黑色眼线笔画眼线。不要一下画完，要用眼线笔的尖儿横向一点点地滑动描画。

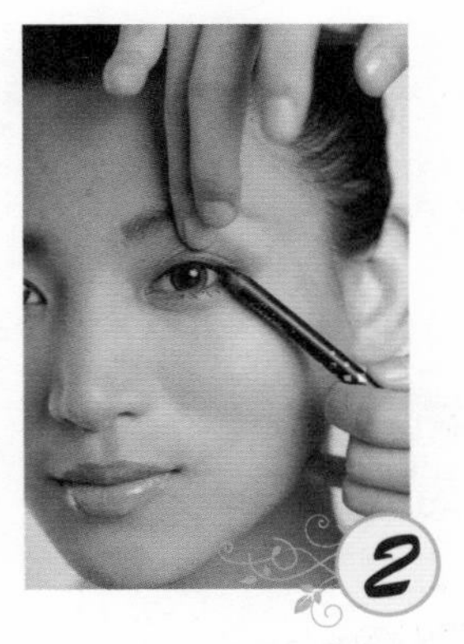

沿着睫毛根部外侧，用眼线笔描画出柔和的线条，令内外眼线自然融合在一起。

用眼线刷蘸取眼线笔上的膏体，画出自然弧度的眼线。

眼睛睁开平视镜子观察，填补需要修改的地方，眼线就完成了。

## 不同的眼形，不同的眼线

一般情况下，大多数的人都不能像模特那样拥有完美的眼睛形状，或多或少都会有些眼形上的缺陷，但是我们可以用眼线来调整眼形。

通过眼线可以调整任何眼形，完善眼睛轮廓。

| 眼线画法 | 适合眼形、脸型 |
| --- | --- |
|  | 丹凤眼、杏仁眼，椭圆脸型 |
|  | 较圆眼形，圆形脸、椭圆形脸 |
|  | 距离较近的眼睛，任何脸型 |

| | |
|---|---|
| 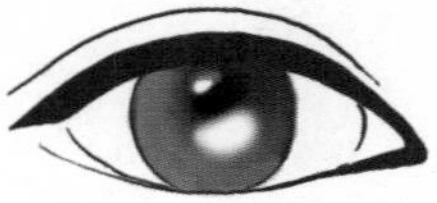 | 距离较远的眼睛，任何脸型 |
| 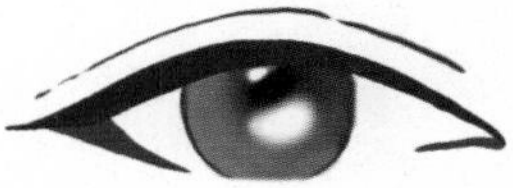 | 较窄和较长的眼形，椭圆脸、V形脸 |
| 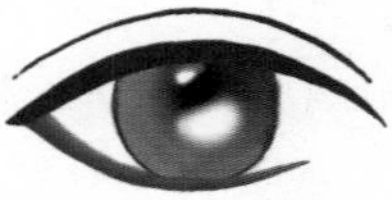 | 圆眼，略带婴儿肥的脸型 |

## 关于眼线你不得不知的事

❶ 一定要画画内眼线，睫毛根部不能留白。

❷ 容易花妆的姐妹可以在上完一层眼线之后，用深色眼影粉将其盖住，再上一层眼线。

❸ 慎重使用下眼线，因为下眼线会让妆感瞬间变强，气质也就会变得不再青春甜美。

❹ 除非你是30岁以上的年纪，否则慎重使用眼线液，眼线液的质地会让你顿时显得老了5岁。

❺ 还在画全包式的黑眼线吗？这样的眼线不仅不会让你的眼睛看上去更大更有神，反而会让你的眼神充满了杀气。

## Q&A（问与答）

Q : A

Q：我黑眼圈比较重，如果再画下眼线，眼下看起来黑黑的，感觉脏兮兮的怎么办？

**A：画眼线前一定要做遮瑕功课，将眼下肌肤提亮，妆感才会干净。记得眼尾的角角最容易暗沉，也要仔细搽上遮瑕膏，接着薄薄地扑上一层蜜粉后再画眼线。**

Q：画了下眼线看起来好凶、好严肃，要怎样避免这种情况？

**A：改画咖啡色、墨绿色或深紫色眼线，这些颜色能够令眼神柔和。眼睛本来就大再加上黑黑的眼线，一不小心就容易使人看起来凶巴巴的。要是换上咖啡色、墨绿色或深紫色眼线就柔和多了。画时紧沿着睫毛根部细细地画一条线，然后再用晕染刷将下眼线稍微晕开，使线条不再硬邦邦的，眼中的狠劲便会锐减不少。**

# 刷出魅力翘睫

## 刷睫毛的工具与产品

### 睫毛膏

市面上的睫毛膏分为好几大类，除了有防水与不防水这两类之外，还分为：

A. 纤长型

通常纤长型睫毛膏里有大量纤维，可以在刷的过程中附着在睫毛上，适合睫毛短的人使用。

B. 浓密型

通过特殊的刷头与浓厚的膏体，让亚洲人的细软睫毛瞬间变得浓密起来，能够令眼睛更出彩。

C. 卷翘型

定型能力更强，可以让卷度维持整整一天，非常适合眼睫毛天生垂直的人使用。

D. 透明睫毛膏

这是最为自然的一种无色睫毛膏，可以令睫毛维持自然的卷度。

### 睫毛夹

这是眼妆中绝对不可或缺的工具，每个品牌睫毛夹的长度和弧度都有所不同，我们可以根据自己的眼形来选择最适合的睫毛夹。

### 电热睫毛器

不怕夹到眼睛又可以对付难夹和顽固的睫毛，是一款非常好用的小工具。

### 睫毛梳

用来把上完睫毛膏打结的睫毛刷开。

## 基础睫毛上妆法

给睫毛上妆也要按照标准的步骤进行，否则可能出不来完美的妆效哟：

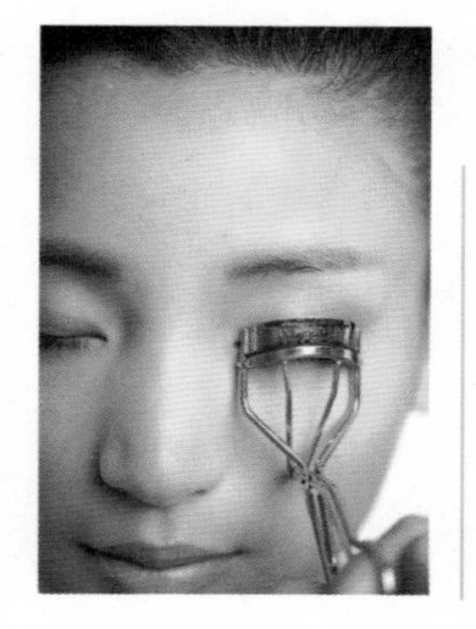

提拉眼皮将睫毛放入睫毛夹，力道平均且稳定地夹紧睫毛根部，让睫毛呈放射状翘起，需多次挤压睫毛夹，并同时将其慢慢抽出。

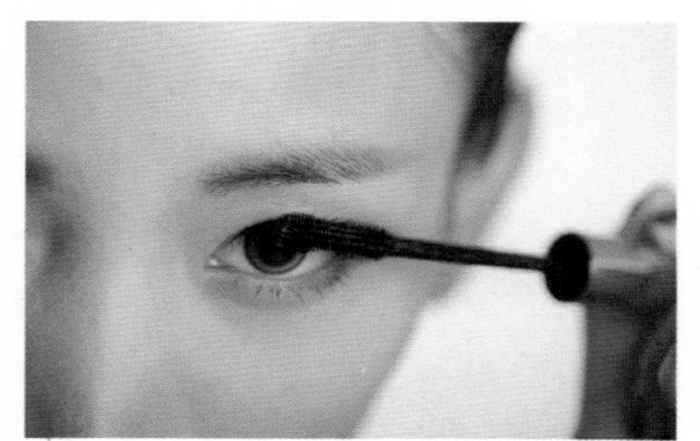

先用防水睫毛膏，只刷睫毛弯曲底部的部分，同时将睫毛理顺呈放射状，固定睫毛的形状，避免刷到睫毛的尖部。

从底部到尖部用加密或是纤长的睫毛膏再次刷。刷的过程中，将刷子以“Z”字形的方式移动，来刷睫毛。

用睫毛刷梳理睫毛，可更加拉长睫毛、增强效果。

刷下睫毛时，用一张干净的纸，垫在下睫毛处，可防止睫毛膏沾染到皮肤上。

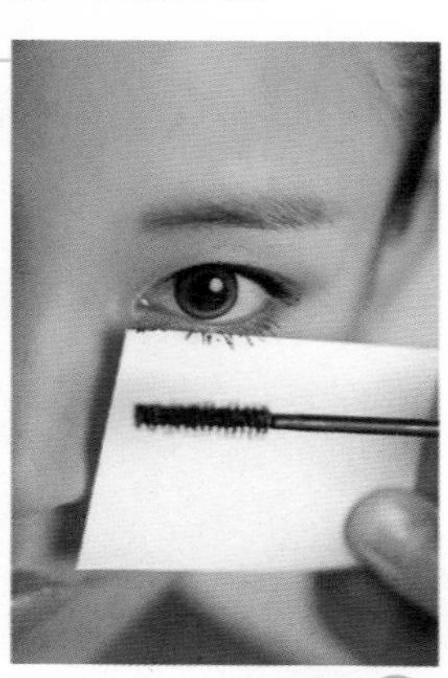

## LISA的电眼睫毛进阶法

如果你已经学会了最基本的刷睫毛的方法，并且能够运用自如，那么恭喜你，接下来你可以学到我的独门电眼睫毛秘籍，让你的眼睛不戴假睫毛，也能电光四射！

❶ 你要准备至少三支睫毛膏：

第一支，基础打底、定型睫毛膏。这支睫毛膏要求质地稍干。

第二支，能够拉长加密，具有较多纤维的睫毛膏。

第三支，拉长效果更加明显的拉长睫毛膏。

❷ 我们在用第一支睫毛膏做基础打底的时候，记得要梳理睫毛的方向，将睫毛梳理成太阳放射状，重点将睫毛膏刷在卷翘的根部，不要刷到睫毛的尖部，切记！此时你要做的事情是将睫毛卷翘定型，而不是将它拉长拉密。

❸ 当我们用第二支睫毛膏的时候，记得要顺着第一支指引的方向去刷，仍旧要注意，尽量少刷到睫毛的尖部。

❹ 最后我们使用梳子形的拉长睫毛膏，这可是利器啊！

❺ 下睫毛同样要认真梳理哦！

❻ 无比迷人的电眼睫毛完功啦！

Tips：

**在刷睫毛时，要注意根部的膏体用量应该最多，如果在睫毛尖涂过多膏体的话，很可能会因为分量太重而压弯夹好的卷翘睫毛，这点一定要注意。**

# 电眼炫目——假睫毛与美目贴

## 市面上各种假睫毛的类型

### 单株型

这样的假睫毛可以让你的睫毛呈现出超级自然的效果，但是需要高超的佩戴技巧哦，一般都是在化妆师的精心操作下才能做得到，不过如果你想挑战一下自己的实力，也可以耐心地试一试。

### 自然型

这是一款入门级的假睫毛，初学的朋友们可以尝试使用。这种假睫毛，有透明梗和黑色梗之分，如果是黑梗的话最好是画好眼线再贴哦，尽量做到隐形，这样睫毛才会比较自然。

### 眼尾加强型

如果你想让自己变得更加娇俏妩媚，具有浓浓的女人味，或者你想拉长一下眼部线条，那么眼尾加强型的假睫毛可以帮到你哦。不过记得不要把尾部的睫毛弄得太飞扬，让睫毛呈现出自然的卷翘弧度很重要哦。

### 舞台浓密型

这样的浓密睫毛可不是让你大白天戴着逛街或者陪男朋友喝咖啡看电影时用哦，如果不是特殊的派对或者舞台表演的话，可要谨慎选用这款假睫毛哦。

### 特殊材质型

这样的假睫毛是不是特别的精致，像一件件艺术作品呢？化妆师们会用这些精

美的假睫毛创作出各种不同的造型作品，赶上派对季你也可以戴着它们参加各种时尚派对，好好炫耀一下！

### 下睫毛

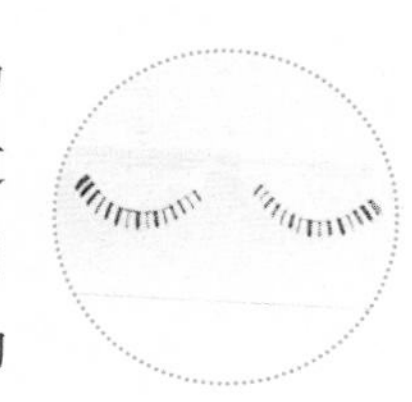

粘下睫毛也是需要技巧的哦，精致而又浓密的下睫毛可以立马让我们的眼睛增大一倍，而且也会让眼睛呈现出亮眼的效果。不过大家记得在粘的时候一定要注意整个下眼线的弧度，以及假睫毛自身线条的弧度，要让睫毛和自己的下睫毛融合好，才能达到逼真的效果。

最后，LISA还要提醒大家一句，无论什么样的睫毛都一定要选择梗软的质地。

## 使用假睫毛不可缺少的工具

### 睫毛胶

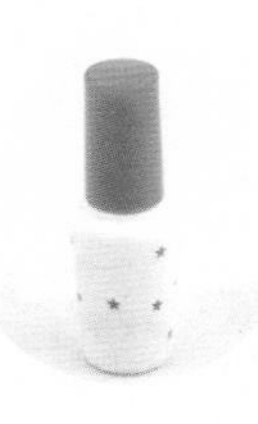

选择安全的睫毛胶水很重要，因为这种东西是和眼睛直接接触的，劣质的睫毛胶水会刺激到眼睛，同时也会让眼睛提前衰老。所以在选择之前一定要在自己手腕内侧的娇嫩皮肤处进行测试，看是否会出现过敏或者不适的感觉。

### 剪刀

剪刀是修剪假睫毛用的，有时候新的假睫毛会太长或者太密，这时我们都可以用这样的小剪刀进行修剪哦。

### 镊子

用镊子的话会比用手指更容易操作，如果你留了长指甲，那么更需要镊子来帮忙了。不过提醒大家，使用镊子前需要将其头部擦拭干净。

## 正确佩戴假睫毛

将假睫毛与自己眼睛的长度进行对比。

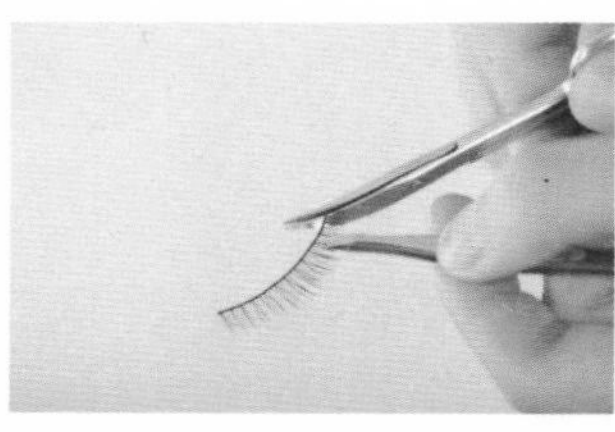

按照自己眼睛的长度将假睫毛进行修剪。

涂上睫毛胶水后不要立即佩戴，需等上几秒胶水快干时佩戴，可增加黏度。

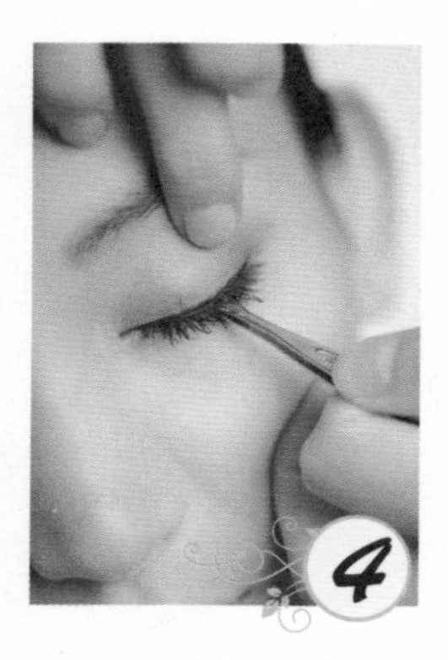

用镊子找准假睫毛佩戴的位置，再慢慢将假睫毛与眼线完美结合。

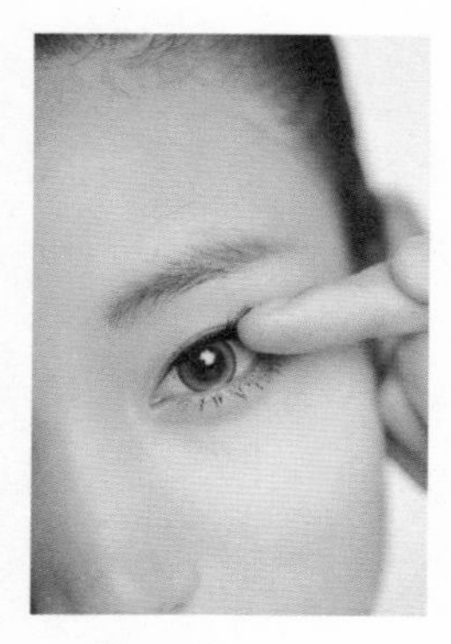

在胶水未全干时，可用手指调整假睫毛的卷翘弧度。

使用睫毛膏涂刷，使真假睫毛融为一体。

对比图

## 让眼睛立马增大的法宝——隐形美目贴

美目贴又被称为双眼皮胶带，它的材料有很多种，目前市面上比较流行的有纸质、塑料、胶布和绢纱等。

美目贴除了可以立竿见影地形成双眼皮以外，对于提升眼尾、改善眼睛形状还具有很好的作用。

不过不是所有的眼睛都可以使用美目贴哦，你的眼睛需要有容纳双眼皮贴的褶皱，如果是纯粹的单眼皮就不是很适合使用了。

为了实现更加自然的妆效，建议大家选择最不反光的那种，越不反光隐形效果越好。

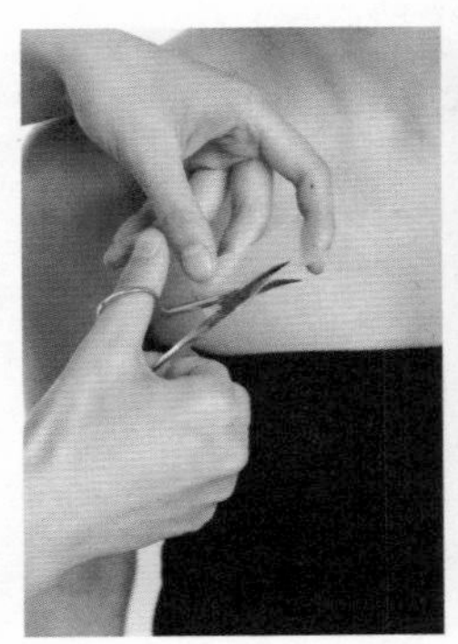

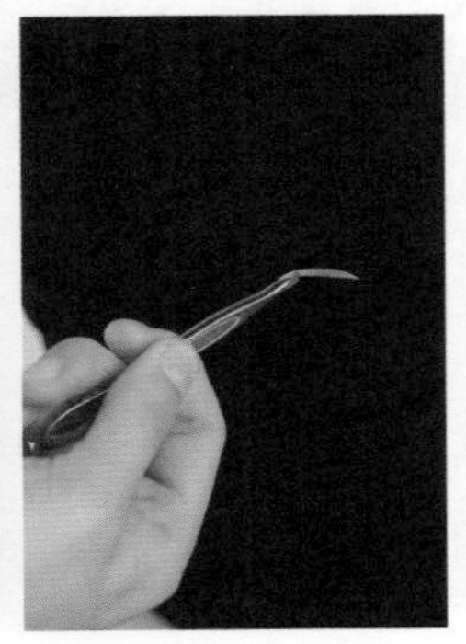

根据需要剪出长度、形状适当的美目贴。

将美目贴粘在眼皮褶皱线适当的位置上。

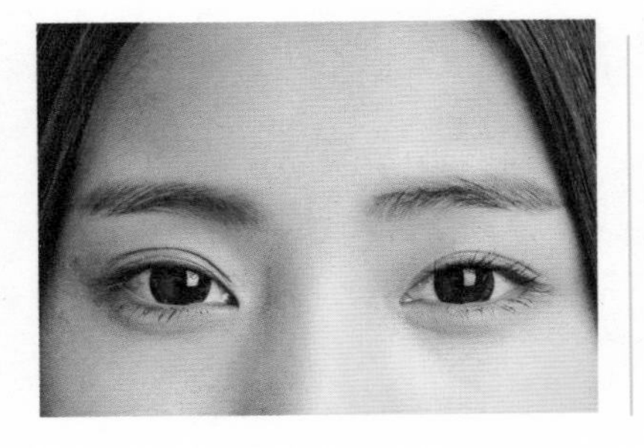

轻推眼皮，睁开眼睛，检查整体效果。

## Q&A（问与答）

Q：A

Q：如何卸除假睫毛？

A：利用指腹轻轻地将其拿下来就好，因为假睫毛没有涂刷睫毛膏，所以不需使用卸妆产品即能够将假睫毛拿掉，但要注意不要扯掉真的睫毛哦。

Q：假睫毛可以重复使用吗？

A：若是好好保管的话，假睫毛应该可以重复使用3~4次，想重复使用就要将其照顾好，每次使用后最好都能放回盒子里收好，如此才能令其维持完好的状态。

# 美眉扮靓您的面庞

## 这个世界总有那么多的眉形

### 自然型

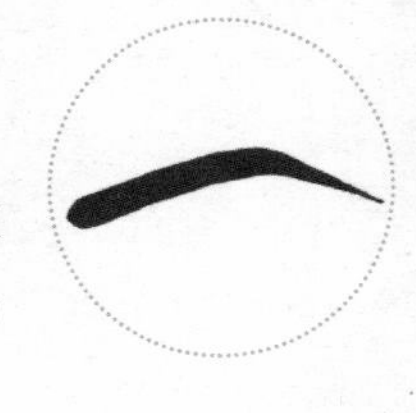

自然弯曲的眉形，带一点眉峰，不会过弯或者过挑，一切都适中刚好，这样的眉毛给人稳重、亲切知性的味道，也是一般眉型中较受推崇的一种。

### 棱角型

给人一种凌厉风行的硬朗感，在眉峰处有角度的处理，较为适合脸形过圆的女生，可以协调一下太过圆润的脸部弧线。

### 柳叶眉

给人较为华丽与成熟的感觉，弯曲着呈拱形，极富女人味与复古情调。

### 扬眉

线条较为水平而且眉尾要比眉头上扬，这样的眉毛会给人造成强势的印象。

### 一字平眉

明星们最爱的眉型之一，眉头和眉尾落点在同一水平线，无明显的眉峰角度，给人柔弱少女般的感觉。

### 倒挂下垂眉

眉尾的落点要比眉头低，让人感觉无辜，无杀伤力，同时还会带给人淡淡的忧伤之感。

## 画眉用品以及工具

### ❀ 眉笔

最易上手与补妆的眉形产品，即使是化妆新手也可以马上掌握用法，线条感最佳。

### ❀ 眉粉

描画自然眉形的法宝，也可以作为在眉笔后使用的定妆粉来用。

### ❀ 水眉笔

如果眉毛有缺块、空隙等问题，就可以用它来进行改善，根根分明的笔触简直可以以假乱真，让你的眉毛就像天然生成的一样。

### ❀ 染眉膏

能够让眉毛的颜色改变，通常用来配合染过的发色或过深、过黑的眉毛使用，整体感觉更为自然协调。

### ❀ 眉胶

可以固定眉毛的流向。

### ❀ 斜口刷

这种刷子可以用来蘸取眉粉或者眉笔的颜色对眉毛上色，一般是尼龙质地的。

### ❀ 螺纹刷

这种刷子主要是用来将眉毛梳理整齐，或者是均匀上色后的眉毛颜色用的。

## 关于标准眉形的比例问题

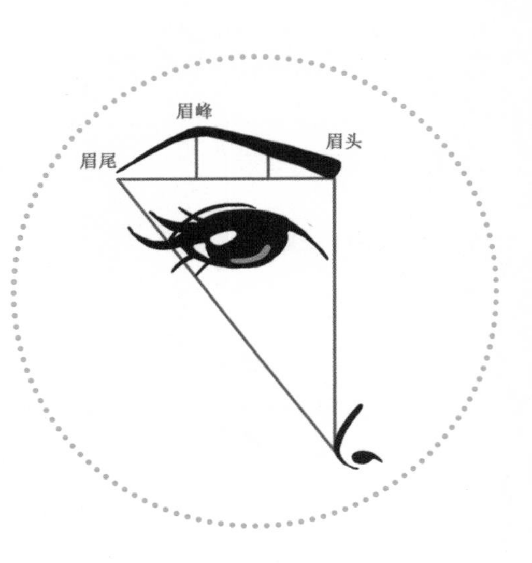


标准眉形问题：

❶ 眉头在内眼角上方开始，眉峰位于黑眼球外侧上方，和外眼角内侧，眉尾结束在鼻翼和外眼角延长线上面。

❷ 眉头颜色略显清淡，然后向后逐渐加深。

❸ 眉头慢慢向后逐渐收窄。

❹ 在高度上要保证眉头略低，眉尾略高，整条眉毛呈现出微微上扬的状态。

## 画眉的基础步骤

使用眉刷调整眉毛的流向。这时粘在眉毛上的一些散粉也会被刷掉。

用眉笔画出眉毛的轮廓。

用眉粉调整眉毛的颜色。

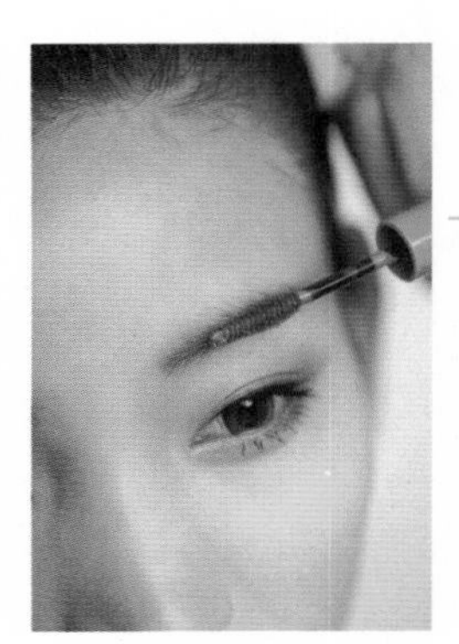

用染眉膏调整眉毛的颜色。

## 成就完美双眉的细节

读完前面LISA介绍的这些内容之后，想必大家对于眉妆已经有了大致的了解了，能不能自己动手将眉毛修饰得令自己满意呢？或许在动手的过程中，大家还会遇到这样、那样的问题，那就看一下接下来LISA要讲的这些细节问题吧：

❶ 画眉用的眉笔应该削成扁平状，这样才容易描画出自然的眉形。因为画眉不是把眉毛涂上颜色就完成了，而是要描出一根根细微的眉毛。

❷ 眉峰大约和眉头呈15°~30°角，离眉头距离占整个眉毛长度的2/3，向下基本位于外眼角内侧，这样的眉形就最自然。

❸ 眉毛太稀疏的人可以在画完眉毛后，用眉刷蘸上少许睫毛膏，由眉头往眉尾方向刷，就可以让眉毛稍显浓密，并且更加自然了。

❹ 如果不小心把眉毛涂得颜色过深，可以用粉扑轻轻扑些蜜粉在眉毛上，减淡颜色。

❺ 如果眉毛没有规则长得很杂乱，可以用小剪刀稍加修饰后再用透明睫毛膏将其固定住。

## Q&A（问与答）

**Q：A**

Q：两边的眉毛长得很近，都快连到一起了，该如何修型呢？

A：这种眉毛被称为“向心眉”。可选用剃刀将两眉间鼻梁附近的眉毛去除，使眉头与内眼角对齐。画眉时，眉笔从眉腰（眉头到眉峰之间的部位）处开始下笔，可以从视觉上拉宽眉间距离。

Q：眉毛中间有断裂、疤痕，该如何修饰呢？

A：眉毛出现缺失或疤痕，在画眉时很不好上色，所以断眉、缺眉就要进行彩妆造眉。用眉笔画眉毛的时候，按照羽毛状的方式一小笔一小笔地排列描画，每一笔都要画得比自身眉毛短。

# CHAPTER 5

# 唇唇欲动——即刻拥有少女般的粉嫩双唇

如果你马上有一个很重要的约会，但是只能选择一样化妆品，那么你会选择什么呢?

我当然会选择一支颜色很正的大红色唇膏。

当唇膏将暗淡的唇色覆盖住的时候，你的光彩将立刻焕发出来!

作为面部妆容的点睛之笔，唇妆的重要性是显而易见的哦!

女孩们，诱人的双唇会提升你整个妆容的质感。

让我们一起唇唇欲动吧！！！

## 唇唇欲动，护理先行

水润、迷人的双唇，能为我们脸部整体的美感加分不少，可是，怎么护理好自己的唇部，让它时刻都保持滋润、迷人呢？接下来就跟着我一起来制订一个护唇大计划，早晚呵护好自己的唇部，让唇部水润一整天。

### 护唇大计划之日间篇

白天，唇部肌肤和脸部肌肤一样，要承受污染、干燥和日晒的压力。所以，唇部肌肤同样需要滋润、隔离以及防晒，以对抗外来压力的“迫害”！唇部护理产品的选择要以质感轻薄、不黏腻并带有一定防晒指数的为佳。

唇部护理的步骤：

取出化妆棉，用化妆水将其慢慢浸透，然后把蘸满化妆水的化妆棉敷盖在唇上面保持 10 分钟。

涂上一层厚厚的护唇膏或滋润唇油。

将滋养唇膜厚厚地覆盖在唇部。

剪合适大小的保鲜膜覆盖在唇部大约20分钟，直至护唇膏或滋润唇油被唇部充分吸收即可。

### 护唇大计划之晚间篇

夜间休息的时候身心都很放松，是唇部进行修复和对其进行滋润的好时机，相

较于日间，晚间的唇部需要加倍补水保湿，需要使用具有修护、抗氧化、去唇纹等深层功效的产品。

❶ 攻克干燥——凡士林滋润&简易唇膜

将适量的润唇膏或是凡士林涂抹到双唇上。之后，按照唇部的大小，将适当大小的保鲜膜敷在唇上。再将热毛巾盖到双唇上，热敷10~20分钟。最后，用手指轻轻按摩刚热敷完的双唇，像弹钢琴般由唇中间往外轻点。

❷ 攻克唇纹——轻柔按摩&每天坚持

横向按摩：用左右两手的拇指和食指指腹捏住上下唇，慢慢往横向方向按摩10次。

从中央按压至嘴角：用中指指腹轻按住唇部中央，由中央至嘴角按摩，上下唇重复按摩8次。

向前轻拉：两手指腹再一次夹住上下嘴唇，将唇部往前轻拉起约10次。

❸ 攻克松弛——小运动&小按摩

嘴巴一张一合，保证嘴巴张到最大，重复10次。

嘴巴保持放松状态，利用拇指的力量来按压嘴角，注意力度不要太大。用食指、中指、无名指由唇部中央往两侧按摩，到嘴角时按压3次。

❹ 攻克唇色黯淡——去角质&热敷

用唇部专用去角质产品按摩唇部，结束后用化妆棉擦拭干净，然后涂上夜间专用护唇产品。

**Tips:**

1. 护理眼部的精华液，也可以用来护理双唇。每晚取适量眼部精华素按摩唇部，会使唇部得到充分的滋润。

2. 蜜糖加蜂蜜可以替代去角质霜帮助唇部去除多余的死皮。

## 关于唇形的比例

### 首先我们来认识一下自己的嘴唇吧！

关于唇形其实没有刻板的标准比例一说。根据审美角度的不同，各式各样的唇形都有其优美之处。我们所说的美的唇形只是结合现代的审美情趣观点来说的。

唇部纵向的比例：上唇与下唇的比例关系为1∶1.5（也就是说下唇应该比上唇厚一点）

唇部横向的比例：两个唇角到唇峰的距离与两个唇峰之间的距离为1∶1∶1的关系。

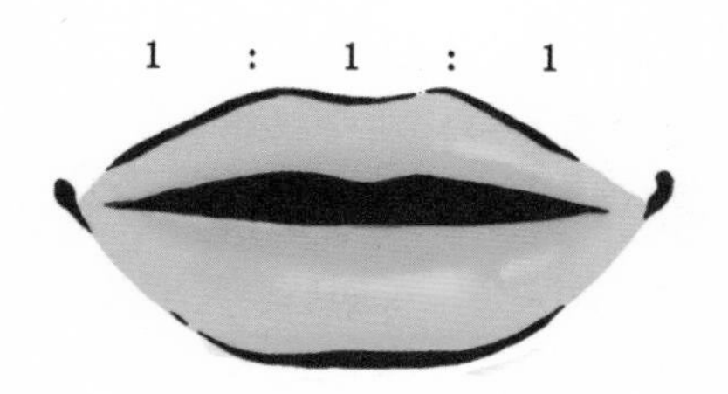


唇角要上扬，这样会产生微笑的感觉，非常具有亲和力，唇角下挂则会给人苦大仇深之感。

### 针对常见的唇部缺陷介绍一些化妆小方法

上下唇比例不好：购买唇膏的时候可以买两支同色系的唇膏，一支浅色，一支深色，或者一支是哑光一支是珠光的。珠光和浅色都具有膨胀视觉的功能，可以将这样的颜色涂在不够饱满的唇上。如果只有一支唇膏，那么可以准备一支透明的唇蜜，在比较薄的唇上涂上唇蜜。

唇峰不明显：买一支比唇膏颜色稍微深一点点的唇线笔，在涂唇膏前用柔和的线条勾画出喜欢的唇峰，然后再涂唇膏，这样不但可以拥有自然的唇峰，还能够使唇部结构更加明显。

嘴唇太薄太平：用与唇膏色相近或者浅一点的唇线笔沿着原本的唇线稍微靠外一些，一点点勾画唇形，然后再用唇膏涂满嘴唇，最后用另一支浅一点的唇膏或者唇蜜在嘴唇中间的爱心区（两个唇峰的中间区域）稍微涂一下，边缘做一下晕染。

这样可以削弱嘴唇薄给人带来的尖酸刻薄的感觉！

嘴唇太厚太肿：虽然唇部丰满很性感，但有句话叫做“过犹不及”，还记得《东成西就》里面的梁朝伟的“肥香肠”嘴吗？

现在我们要找一个区域，那便是双唇自然闭合时，双唇之间出现的一个重叠区，请记住这个区域。

用浅色唇膏涂抹双唇，然后在重叠区涂上稍微深一点点的颜色，边缘再做晕染，这样在视觉上可以让肥厚的嘴唇变得不再那么膨胀。这个画法有个很赞的名字——咬唇妆。

在边缘的刻画上可以适当地让线条感明显一点，这样也可以削弱肥厚和膨胀的感觉！

没有唇珠：想要单靠化妆来塑造唇珠效果不会太好，最好的方法就是去打一点点胶原蛋白或者是玻尿酸，只需要一点点就可以拥有漂亮的唇珠，但需要注意的是，并不是所有唇形都适合有唇珠，相对来说，唇谷比较明显的人有唇珠的话，双唇会显得更加迷人。

## 唇部化妆的工具及产品

润唇膏：滋润型的润唇膏能够软化唇部角质，补充唇部水分，为之后上唇妆打下基础。

唇部遮瑕品：可以遮盖唇部本身的颜色或弱化唇部边缘，方便重新塑形与显色，粉底液同样能够起到唇部遮瑕品的作用，可代替唇部遮瑕品使用。

唇膏：色彩丰富、颜色饱和，分为雾面和亮面不同的质地，补妆方便。

唇线笔：能够具体刻画出唇形，要上深色唇膏前可用唇线笔先勾勒出平滑的边缘线。

唇彩：不如唇膏颜色饱满，但与唇膏相比，亮泽度更好、更容易涂抹开，是年轻女性的最爱。

唇油、唇蜜等：颜色更为通透，无论是直接涂抹还是搭配唇膏做点缀，都会非常漂亮。

唇刷：化唇部彩妆时必不可少的工具之一。

## 时下流行的唇妆画法

### 性感复古大红唇的画法：

先上护唇膏，干燥脱皮的嘴唇，无论上任何颜色的唇彩都不会漂亮。

唇线笔描绘唇框，利用裸肤色的唇线笔大致描绘一下唇框，依照自己的自然唇线描画即可。

用唇刷沾上大红色唇膏在唇峰和下嘴唇处点上标记点。

再用唇刷蘸取适量的大红色唇膏以描画好的唇框为边界均匀地将嘴唇画满。

以浅色唇膏打亮大红唇的中间部分，更增加红唇色调的饱和度。

使用遮瑕笔将嘴唇周围的瑕疵进行遮盖。

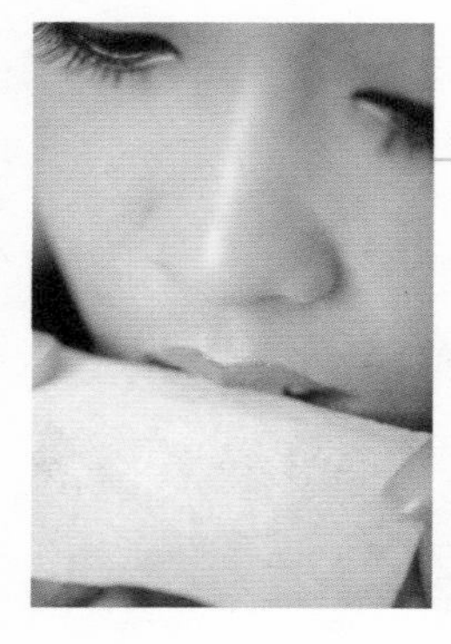

抿去过多的唇膏，将其轻轻地抿在化妆棉上。

如果想要红唇更有光泽可以涂上透明唇蜜，完美迷人的红唇就完成了。

## 可爱粉嘟唇的画法：

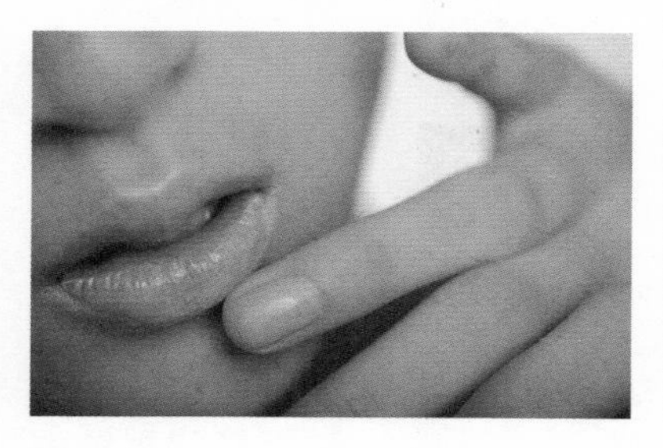

先用粉底将原有唇色进行覆盖，减淡原来较深的唇色。

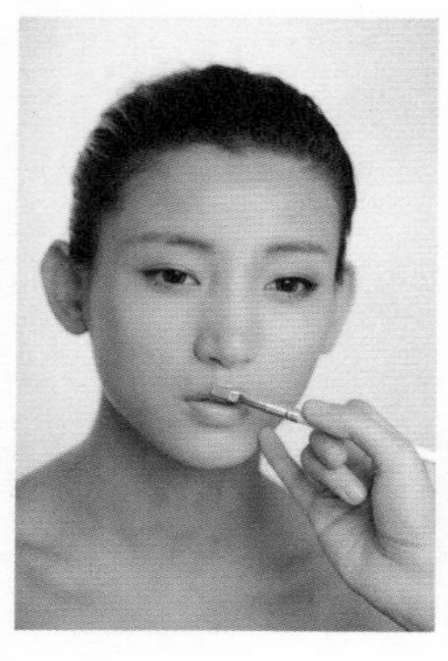

用唇刷蘸取适量粉色唇膏，先勾勒出唇峰的线条与位置。

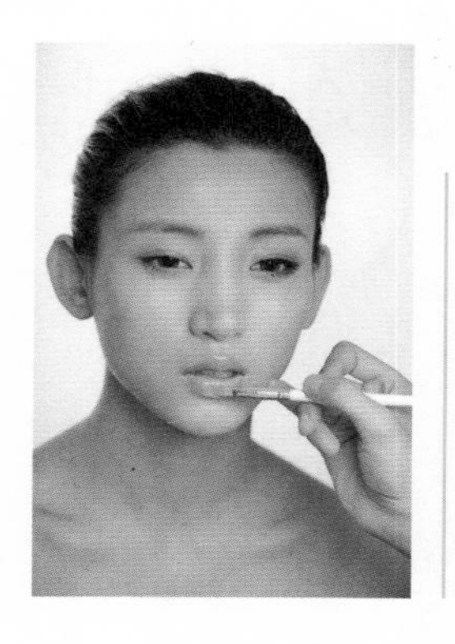

然后用唇刷蘸取适量的粉色系唇膏标记确定下唇中间的位置，以便确定唇部的大致轮廓。

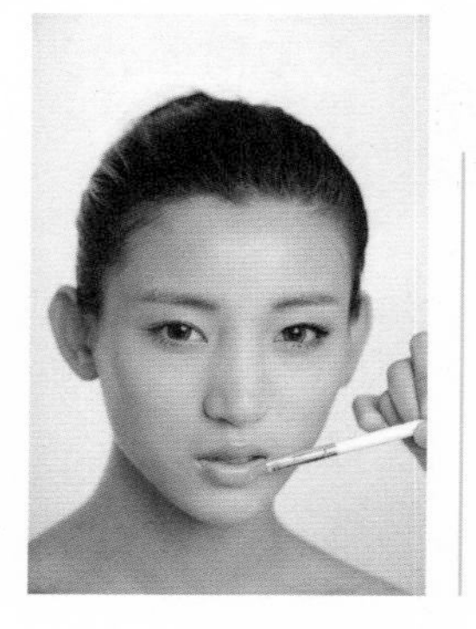

然后用唇刷将嘴唇的其他部位填实填满。

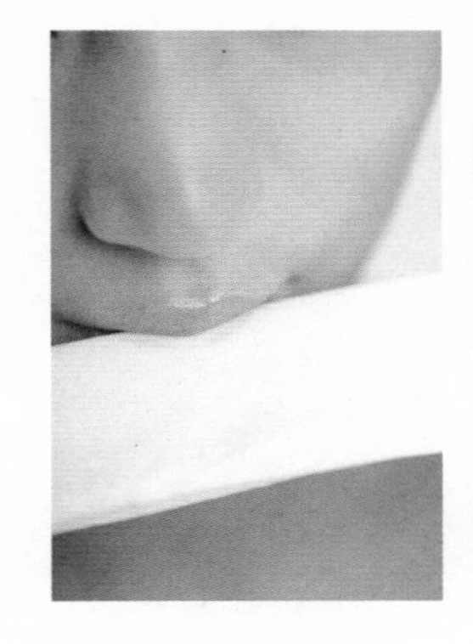

用化妆棉抿去多余的唇膏。

用同色系的唇彩，在唇部高光处，也就是唇部中央提亮。

这样散发着迷人风采的粉嘟唇就完成了。

**Tips:♥**

**唇妆的颜色要和眼妆颜色相平衡，才不会浓妆艳抹的显得艳俗。若要表现唇妆，不如将眼妆化得干净与清爽，最后用一抹红唇来做收尾，才能展现出华丽与惊艳。**

## Q&A（问与答）

Q：A

Q：每天需要说话、喝咖啡，这些行为都容易导致唇妆脱落，怎样才能让唇膏保持得久一点呢？

A：**可以给嘴唇扫上一点散粉，作为打底，确保嘴唇干净无油，这样可以让你的唇色更持久。涂抹唇膏前先帮嘴唇去死皮，涂好一遍唇膏后取一张纸巾轻轻抿嘴。**

Q：平时唇妆容易涂得过薄或过厚，很不好看，老师我该怎么办呢？

A：**油性很强的唇膏实在不适合唇纹明显的人，唇膏的液体会顺着唇纹流出唇线边缘，让你的唇部变得惨不忍睹。总而言之，平时多做唇膜，保护好自己的唇部，减少唇纹和起皮，才能让你的嘴唇变得粉嫩起来！**

# 风格美妆变变变

我想，电影《蒂凡尼的早餐》中，身着经典小黑裙的奥黛丽·赫本望着橱窗的镜头，是每位时尚人心中永恒的经典画面。在女人们的字典中，赫本就是优雅与美丽兼备的代名词。

其实，我们每一位女性都是时尚的最佳代言人与诠释者。

在对自己的风格、体型有了充分了解以后，选择适合自己的妆容造型，在不同场合灵活运用不同的造型元素，你便能够时刻保持良好的状态，成为造型达人、百变天后！

## 猫女活力精灵妆

你有没有感觉到她长长的眼线，卷翘的睫毛下那迷离的眼神，还有与腮红融为一体的下眼影，搭配粉嘟嘟的渐变唇，犹如一只猫咪精灵一般，展现出她的优雅与神秘。

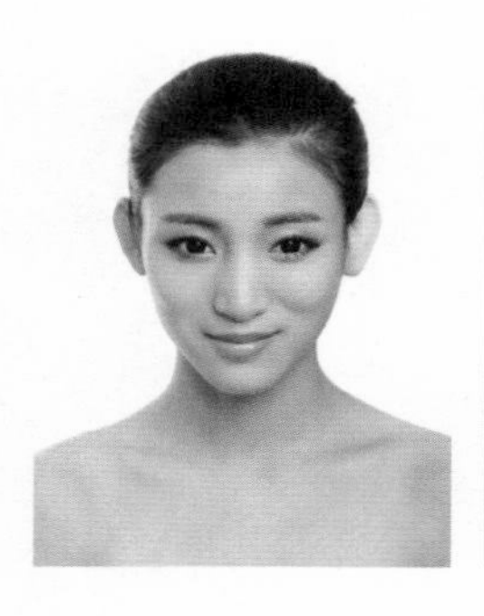

首先，用清透质感的粉底液或粉霜，均匀涂抹面部，增加肌肤的光泽水亮度。

粉色系眼影着重于上眼皮的眼尾处和下眼睑处，并均匀晕染开。

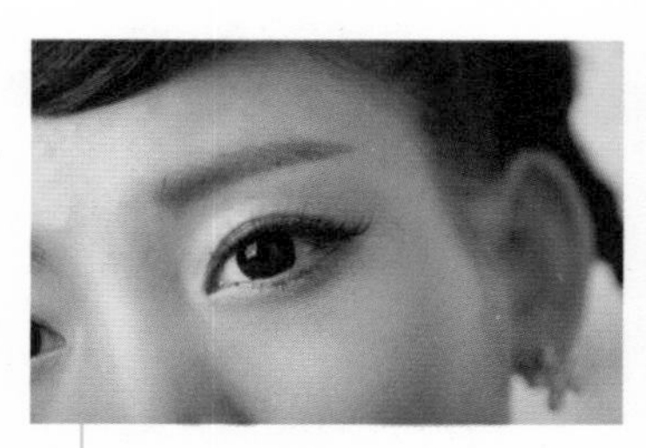

取桃红色腮红沿着下眼睑处颧骨最高处用小刷子轻扫，注意与周围肤色的过渡。

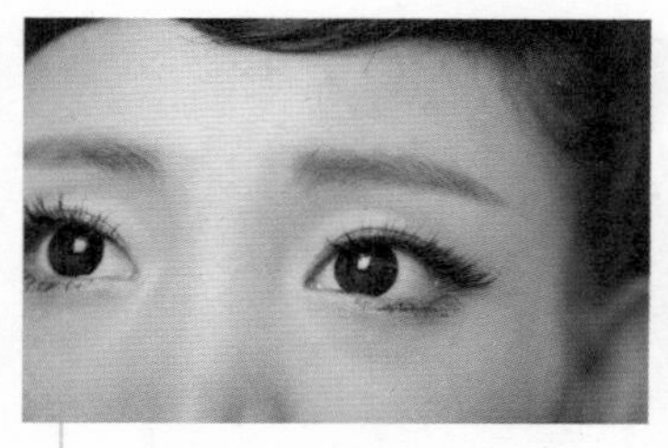

描画眼线时，眼尾处要加强黑色眼线的浓度，让眼妆灵动起来。

选择制成一撮撮的假睫毛，能让眼睛看上去更灵动。

使用亮褐色或亚麻色眉粉描画眉毛，画出一字平眉，但着色不要过量。

用粉底在唇部打底，将桃红色的唇膏从唇部中央逐渐过渡开，形成很有创意的渐变效果。

搭配俏皮的小辫儿，糖果色耳饰，可爱俏皮又楚楚可怜的精灵系妆容就完成了！

## 甜腻可口香橙妆

秀场上那炫目的橙色到了LISA老师手中就成了活力四射的甜橙系彩妆，打造出自然健康的女孩形象，拥有这样妆容的女孩好人气自然也节节攀升。

首先，在面部使用清透质感的粉底液或粉霜，以增加肌肤的光泽水亮度。

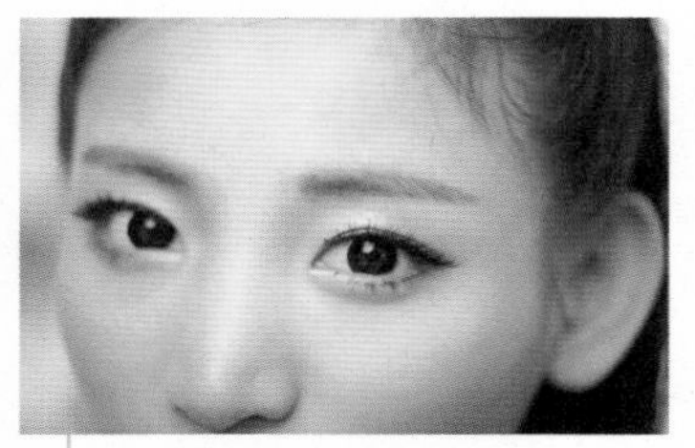

粉色系眼影着重于上眼皮的眼尾处和下眼睑处，并均匀晕染开。用眉笔画出略粗的一字眉，体现自然健康的女孩形象。

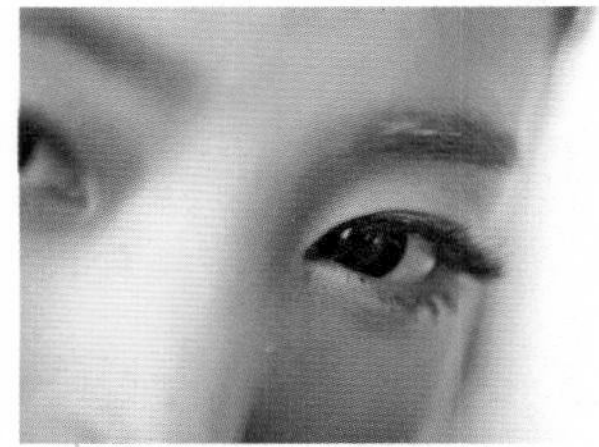

用浓密型的睫毛膏刷睫毛，选择假睫毛时可选择根根分明的上下假睫毛，让眼神通透清亮。

将橙黄色腮红涂抹在嘴角到眼角的延伸线上，在腮部形成长条形腮红。

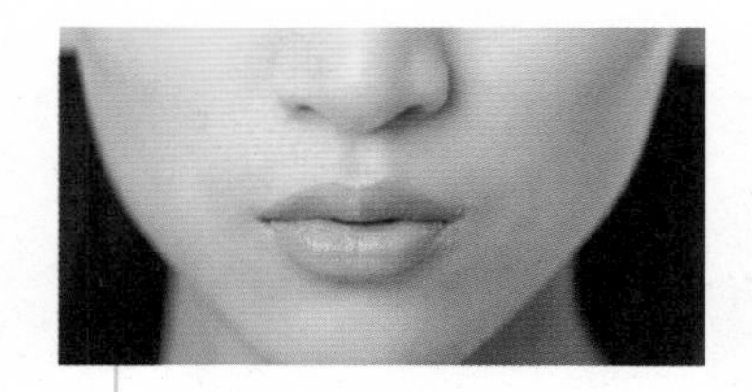

配合腮红的颜色，唇妆选用橙红色，饱和度高又具有亮感，整体不失协调。

最后再做一个羊角头，为偏庄重的妆容带来俏皮活泼的感觉！

## 清纯可人美萝妆

每个女人的心里都住着一个可爱的小萝莉，她们在女人心中呐喊：这个时代装嫩无罪！只要嫩得得体、嫩得顺眼。极具亲和力的面孔、粉嘟嘟的脸颊和嘴唇、甜美的笑容是送给心爱男友最好的礼物哦。

用眉笔画出一字平眉，展现出青春活力。

画眼影时，选择粉嫩俏皮感觉的粉色，着重于眼尾处的色彩体现。

用深棕色的眼线笔画出自然型的眼线形状，眼尾微微上扬。

用浓密型的睫毛膏刷睫毛，不需要让睫毛太卷翘，睫毛的尾部要加强。

贴假睫毛时选择自然型的假睫毛，让整个妆容显得更加自然。

用眼影同色系的粉色腮红以斜打的方式在颧骨上方斜上涂扫，打造出的小局部水滴状粉色腮红显得活泼、娇俏、可人。

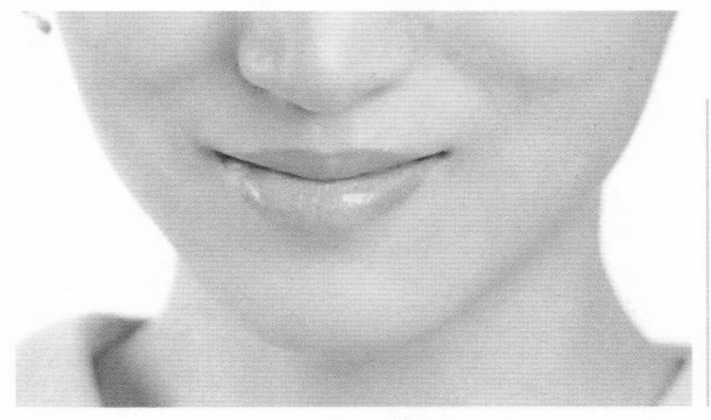

选择亮粉色的蜜糖唇彩，这样就和眼影、腮红的颜色相呼应了呢！

## 复古气质女王妆

复古气质女王妆，一定会让你在任何场合都能立刻成为全场瞩目的焦点！

首先，用接近肤色的粉底液均匀涂抹面部，打造通透质感的底妆。

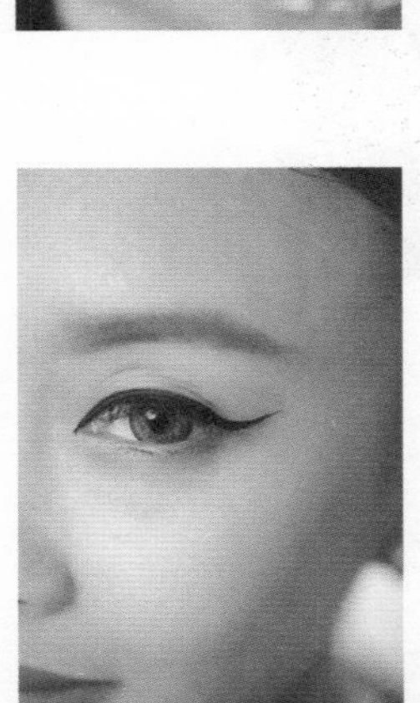

用眉刷蘸取深棕色眉粉画出较粗的一字眉。

眼尾处上挑的眼线让眼形提升，拉长的眼形弥补了东方人的眼部缺陷。

跟其他妆容不同的是，这款复古妆容弱化了眼影与腮红的色彩，不必在这两个方面花费心思。

利用高光与侧影将面部轮廓打造出深邃的骨骼感。

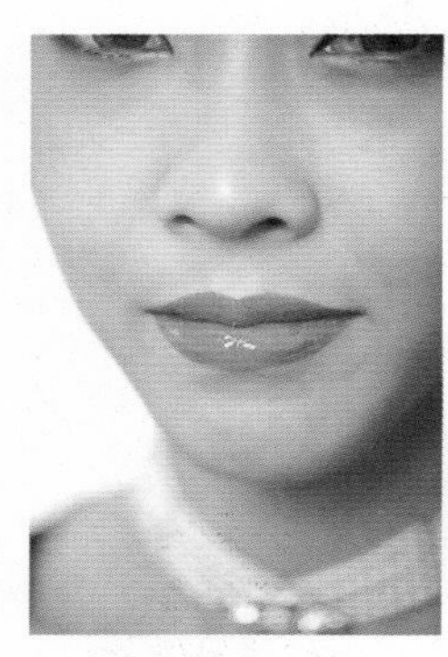

选择饱和度最高的大红色唇膏，在嘴唇中央部位涂上透明唇蜜打造高亮感。

经典的复古发髻也是整体造型的一大亮点！

## 幻彩甜蜜波普妆

彩妆界的一股甜蜜波普风潮来袭，个性、大胆、抽象的波普艺术融入了甜美的元素，似乎一股新的时尚革命正在掀起！LISA老师将这一最具魅惑的甜蜜波普彩妆诠释到极致，可以用“夸张而恰到好处”来形容。

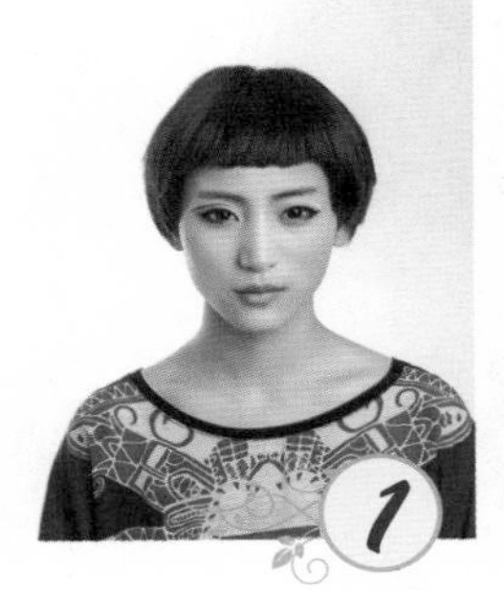


先用白色眼线笔沿着眼窝轮廓勾勒线条，再用眼影刷蘸取蓝色眼影膏，覆盖白色的眼影进行上色。

蘸取桃红色眼影膏，在眼尾沿着眼线尾巴处勾勒线条。

用草绿色眼影膏在眼睑处画上线条。

选择夸张的假睫毛，将其粘贴在眼线处。

将下假睫毛贴在下眼线处，记得在粘贴的时候注意需要与下眼睑的弧度自然贴合。

唇部选择饱和度极高的粉橙色，掩盖掉唇部的唇纹和原本的唇色，与眼妆浓郁的色彩线条配合得恰到好处。

完成图

## 1~5分钟急救妆

如果你只有一分钟：

在很多关键的时刻，一分钟可以改变很多的事情。如果你只有一分钟用来上妆的话，那么可以这样做：用遮瑕液，而不是厚厚的遮瑕膏，画一条从眼头到颚骨的虚线，然后用指腹拍匀。然后，轻轻压上粉饼定妆。这大概要花50秒。最后的10秒，别忘了看着镜子里神采奕奕的自己，露出一个大大的微笑。

如果你只有五分钟：

假如你有五分钟的话，那么粉底液就是必需的了：花上半分钟，像涂面霜一样涂上妆前隔离。别以为这是在浪费时间，事实上隔离是非常重要的，它不仅能够保护皮肤，更像是一张隐形画布一样，可以保证妆效完美而持久。

底妆的简单救急步骤：

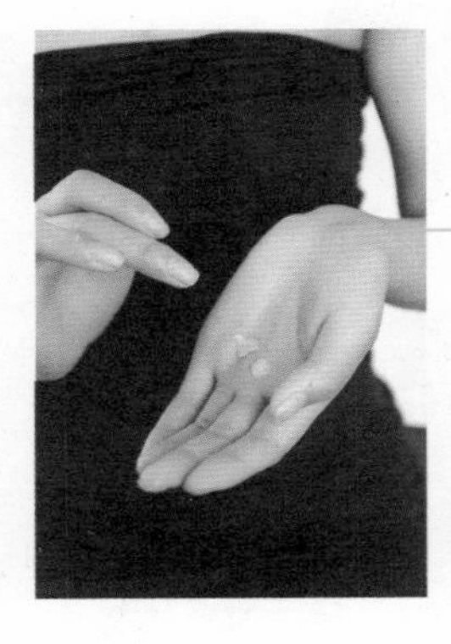

将面霜和粉底液均匀混合在一起。

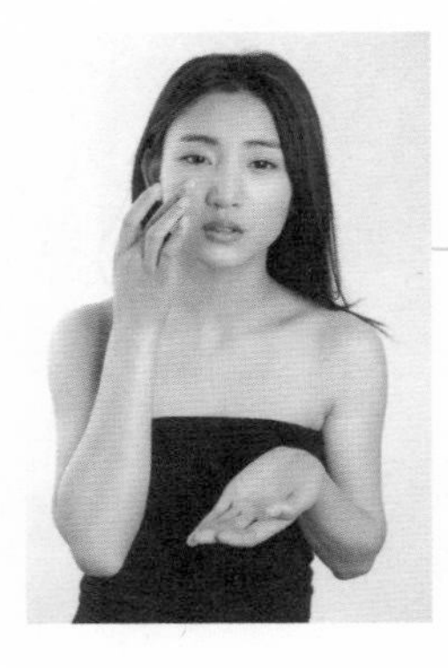

直接用干净的手指涂抹上妆。

这个时候，再没有比给自己上一些腮红更重要的了。要知道，好气色和好轮廓的秘诀都在这里。如果手头临时没有腮红，那么手头的唇膏也可以当做腮红来使用。

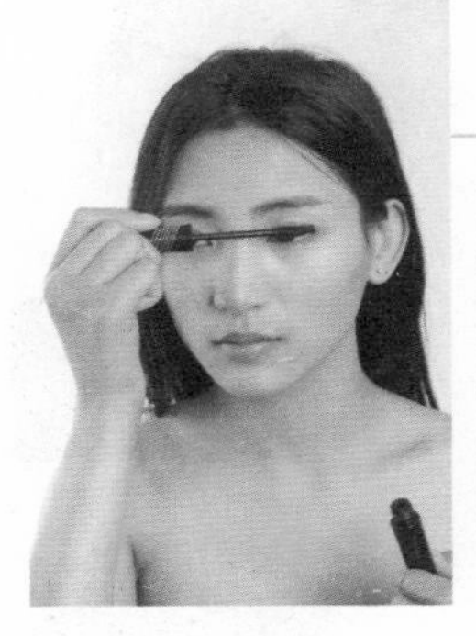

不要忘记睫毛膏，睫毛膏能够瞬间将你的眼睛变得神采奕奕。

最后，当然不能忘记娇艳欲滴的动人双唇哦！

## 十分钟办公室完成派对女王妆

神奇变身术：白天还是职场御姐的你，夜晚立即摇身一变奔赴派对，成为全场的焦点、名副其实的派对女王！可能你会怀疑地问LISA老师："这怎么可能呢？"LISA老师会毫不犹豫地回答你："你可以！"

吸走脸部的油分，补好脸部妆容并用高光提亮。

用深蓝色的眼影加深眼部轮廓。

选择稍微带点儿夸张效果的假睫毛，派对狂欢的感觉出来了没？

用我前面教大家画唇的方法，给唇部涂上一下就能出效果的唇膏，那么正红色或者是橘红色的唇膏都是不错的选择。

最后，选择一款质地细腻的璀璨闪粉，将闪粉涂在眼珠上方的眼皮上，还有锁骨上哦，熠熠生辉的锁骨将会让你的迷人指数瞬间提升。

完成图

# CHAPTER 7

# 美丽肌肤的自我养成

由于我们的皮肤时刻都与外界环境有着直接或间接的接触，所以必须要注意对其加以保护，否则，一旦肌肤出现问题，不仅仅会影响外观，还会给人造成心理、生理上的不良影响。如果平日里，你将大部分心思都放到了护理面部皮肤上，那么 LISA 要告诉你，对待身体其他部位的皮肤同样不能掉以轻心。完美的女性不会忽略身体上任何一个部位的皮肤，因为，女性的优雅是通过一个个细节展现出的，假如你拥有一张水润、白皙的面庞，但是手指、脚部和身体皮肤却粗糙不堪、没有丝毫美感的话，恐怕会影响别人对你的印象。

# 彻底卸妆，让肌肤重生

## 介绍一些优质的卸妆产品

前面我已经向大家介绍了辨别自己肤质的方法，接下来，已经认识了自己肤质的你，便根据我下面的介绍选择适合自己的卸妆产品吧。

现在市面上的卸妆产品按照质地多分为：

❶ 卸妆水

这种卸妆品不含油分，根据配方的不同可以分为弱清洁和强力清洁两大类。前者用来卸淡妆；后者适合卸浓妆，但容易使肌肤干燥，问题肌肤不宜长期使用。

❷ 卸妆乳/霜

乳霜状质地，是一种很容易涂抹的卸妆品。这种类型的卸妆品使用后很容易用纸巾或水清理干净，适合中度化妆或者出现特殊情况时临时使用。

❸ 卸妆凝胶

此款属于不含油脂的卸妆产品，清爽不油腻，可不使用化妆棉，直接用水便能冲掉。这种卸妆产品适合油性肌肤者和T字区爱出油的混合肌肤者使用。化淡妆的女性也可以使用哦。

❹ 卸妆油

此款卸妆产品的基本成分为矿物油、合成脂或植物油，适用于任何肤质。除去卸妆之外，卸妆油还能深层清洁毛孔，适合卸浓妆使用。

❺ 眼部或唇部卸妆液

因为眼部和唇部的皮肤组织较为特殊，因此不宜使用一般的清洁用品，应该选择眼部、唇部专用的卸妆品——眼部、唇部卸妆液。

## LISA告诉你卸妆时的注意事项

❶ 使用化妆棉卸妆的正确方法

因为人体的毛孔生长方向是向下的，所以使用化妆棉卸妆时，一定要从上往下擦拭，避免将皮肤表面的污垢擦进皮肤里面。

❷ 卸妆产品不要在脸上久留

不管你是使用卸妆品还是洁面乳，都不要令其在脸上停留超过30秒钟，太久的话会把油脂和污垢又洗回到皮肤里。

❸ 检验一下是否真的卸干净了

在做完脸部清洁工作后，用化妆棉蘸取适量的化妆水来擦拭脸部，如果没有彩妆残留就是卸干净了，反之则没有卸干净，并且用化妆水擦拭还能起到二次清洁的作用！

## 正确的面部卸妆法

在进行面部卸妆时，LISA推荐大家最好是使用乳霜状，或者是液状的卸妆产品。此类产品不仅不会伤害皮肤，还不会把皮肤中的水分带走。

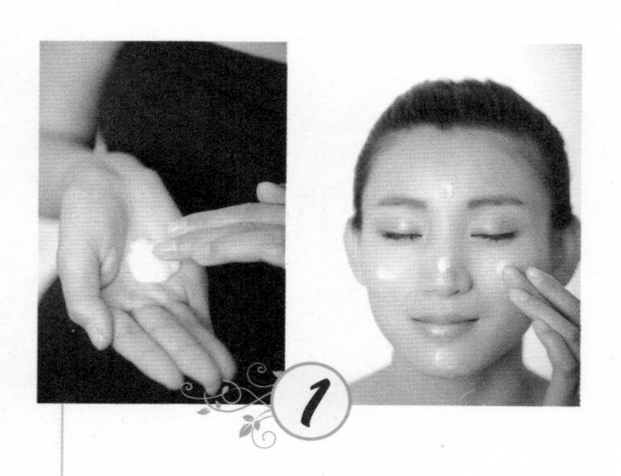


取樱桃大小的卸妆产品，先在掌心濡湿，和着体温混合均匀，然后分别点在额头、两颊、鼻子、下巴。

用无名指和中指按照图上的顺序，从下到上，打圈。按摩太阳穴。

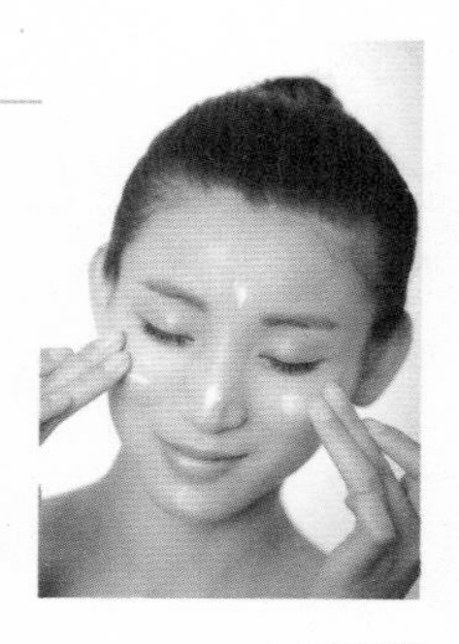

基本准则是从下到上，从中央到两侧。并按摩太阳穴。

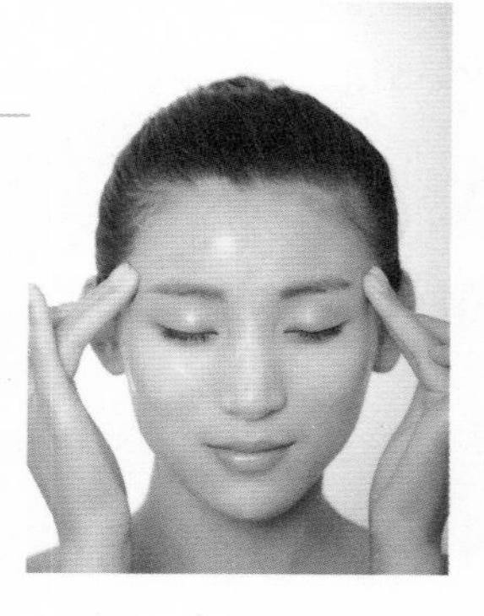

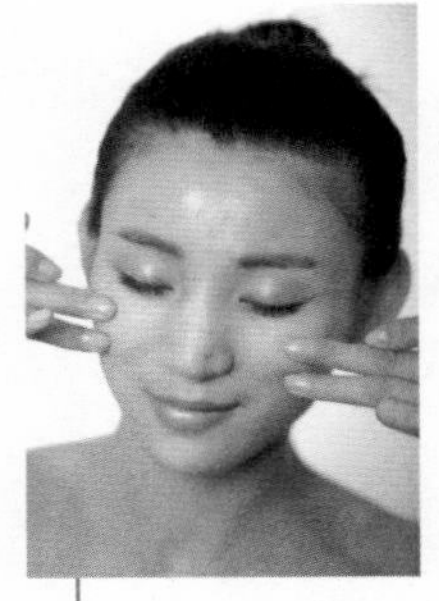

横向按摩法令纹部位的皮肤，向上提拉。

用湿润的化妆棉将按摩后脸上的乳霜擦去，用清水洗净。

Tips:

**脸部及颈部：选择适合自己肌肤类型的卸妆品，卸妆后需要二次清洁。**

## 轻松卸妆小技巧

A. 润唇膏卸除珠光亮片

对于珠光亮片来说，润唇膏是一种非常赞的卸妆产品。在卸妆时只要拿棉棒沾点润唇膏，然后轻轻擦拭就可以很轻易地卸除麻烦的珠光亮片了。

B. 酒精棉润肤乳卸除假睫毛

你只需要一小块沾满酒精的棉花就可以了。先用酒精棉球轻轻擦掉假睫毛粘胶，然后用手指按住外眼角的皮肤，由内向外轻轻揭下假睫毛，就 OK 了。

C. 润肤乳轻松卸除睫毛膏

当卸妆时发现干掉的睫毛膏变得又粗又硬时，只要用棉签蘸上少许润肤乳，将其轻轻涂在睫毛上面，过一会儿便能轻松将其卸除了。

D. 婴儿润肤巾卸除淡妆

婴儿润肤巾不仅价格实惠，质地还很温和，对肌肤没有刺激性，集溶解擦拭为一体，在为你卸去淡妆的同时还会令皮肤感觉滋润。

## 正确的眼唇卸妆法

眼部和唇部的彩妆，需要在卸除面部彩妆前使用专用卸妆产品重点卸除。如果没有卸除干净，那么眼部可能会出现黑眼圈、色素沉淀、皱纹、斑点等，唇部则可能起皮、干裂、失去光泽。

### 眼部卸妆步骤：

1

将化妆棉浸湿，挤掉水分，蘸取一元硬币大小的卸妆液。

大家记得 LISA 使用化妆棉时都是将化妆棉浸湿挤掉水分后使用哦！

2

让卸妆液充分浸湿化妆棉，并将化妆棉分成 4 片。

将其中的两片对折成三角形，盖在眼下泪堂处。

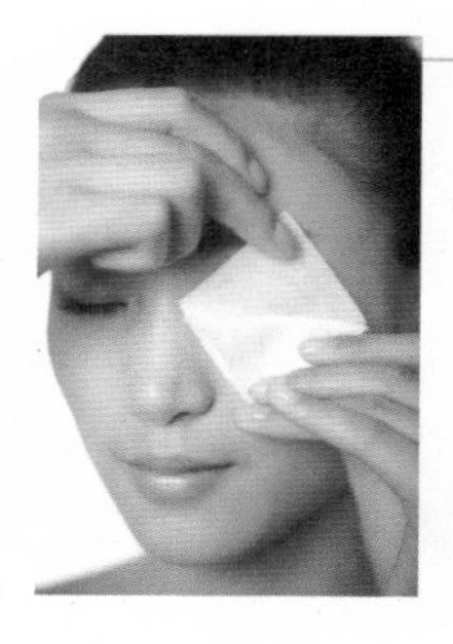

一只手固定化妆棉，另一只手将对折的半张化妆棉盖在上眼睑处，将上眼睑的眼妆擦去。

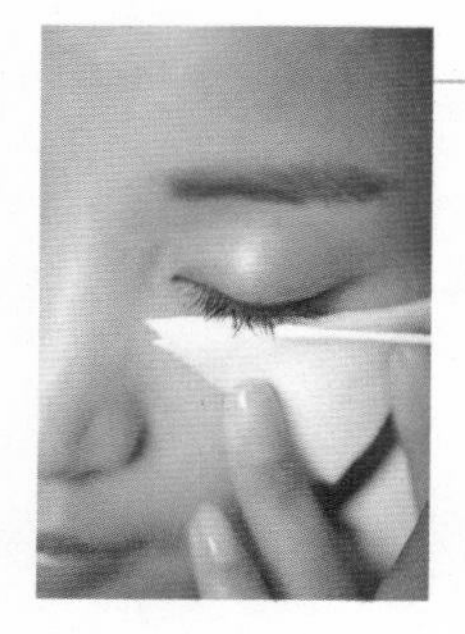

用棉棒蘸取卸妆液，将睫毛膏扫到下面的化妆棉上。

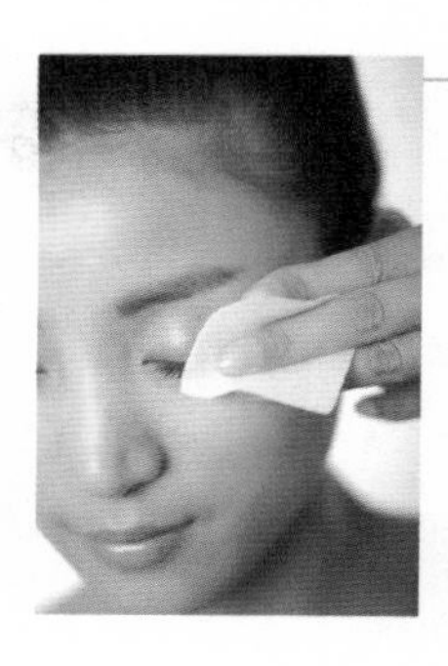

最后，一只手按住太阳穴，另一只手用化妆棉从后向前，将眼妆整体擦拭干净。

### ❀ 唇部卸妆步骤：

❶ 用纸巾或卸妆棉轻印唇部，去除附着在嘴唇表面的唇膏。

❷ 将专用卸妆液倒在化妆棉上，用完全蘸湿的化妆棉轻敷双唇几分钟。

❸ 等卸妆液溶化唇膏之后，再用化妆棉横向擦拭唇部。

❹ 换一张新蘸湿的化妆棉，将嘴唇向两侧拉开，以便将嘴唇的皱褶撑开，卸除积于唇纹中的残红。

❺ 用棉花棒蘸卸妆液仔细拭去存于唇部皱褶中的残余唇膏。

❻ 注意每一步的动作都要轻柔，否则会造成唇部肌肤的破损。

**Tips：♥**

**眼部卸妆：选择专门的眼部卸妆品轻轻擦拭，如果佩戴了隐形眼镜需要先摘除。**

**唇部卸妆：需要像眼部卸妆一样动作轻柔、呵护娇嫩的唇部肌肤，卸妆后需要按照前面讲过的保养方法进行唇部保养，防止出现色素沉淀和唇纹。**

# Q&A（问与答）

Q：A

Q：睡午觉之前要不要卸妆？

A：我个人认为这是不需要的，清洁次数越多带来皮肤问题的风险越大，午觉时间并不是很长，睡觉过程中面部与寝具的摩擦的确会有可能破坏防晒层，起床后稍微补擦一下就可以了！记得要勤换洗枕具哦！

Q：卸妆油、卸妆乳、卸妆液有什么区别啊？自己不知道如何选择。

A：这个问题，我前面有讲到过一些，大家可以参考一下，这里我再简要进行一下介绍：现在市面上的卸妆产品按质地多分为液、乳、油三种。卸妆液可用来卸除眼部、唇部彩妆，以及不是很厚的底妆；卸妆乳适合干性、中性肌肤，卸妆的同时滋养干燥脆弱的肌肤，适合日常淡妆的卸除；卸妆油适合用于卸除戏剧舞台大浓妆以及很厚的底妆，此类产品不建议日常天天使用。

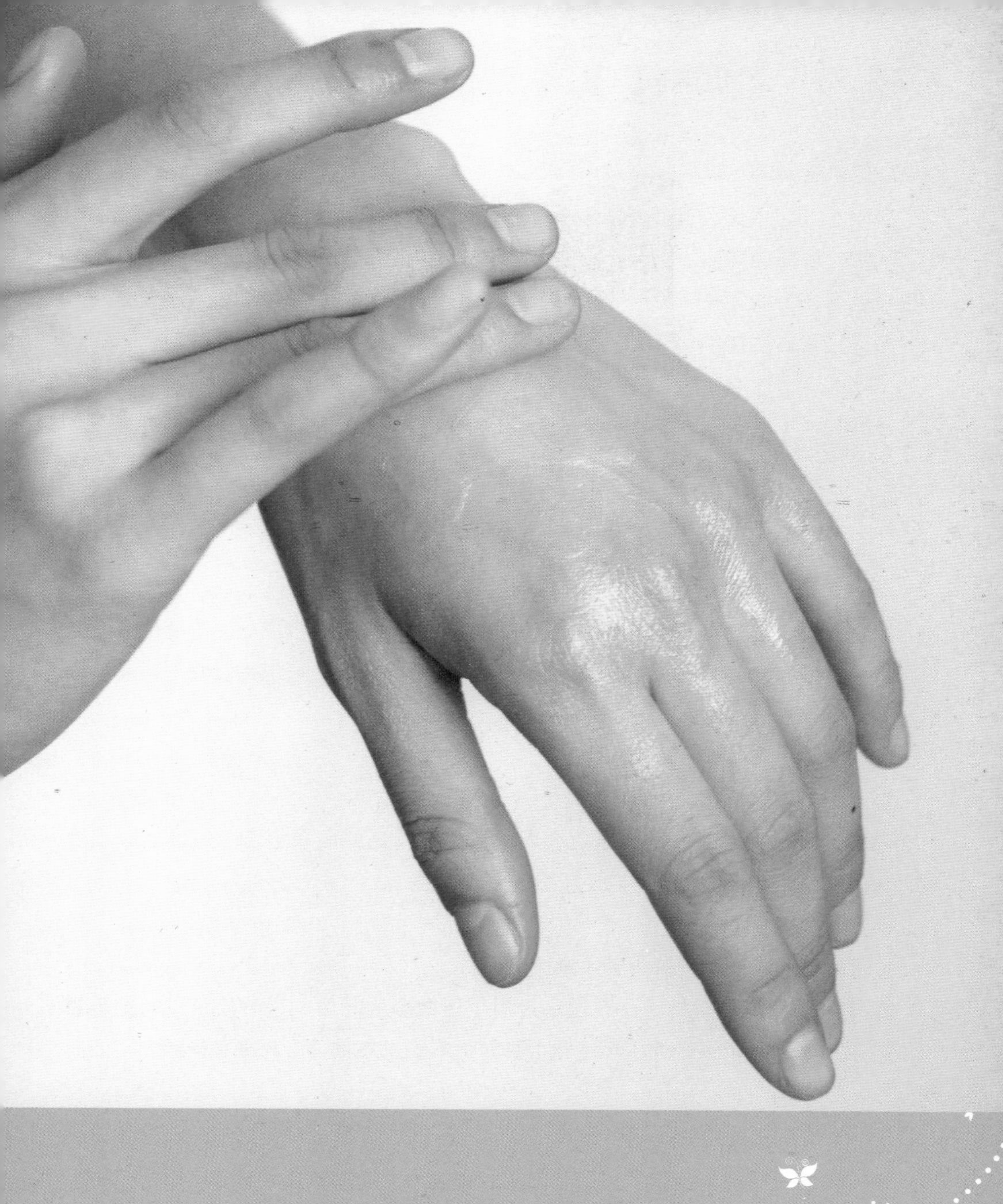

# 纤纤玉指自我修炼

## 一些让手部干燥粗糙的坏习惯

手对于一个人来说便是第二张脸，拥有一双漂亮、柔嫩且富有弹性的纤纤玉手，无形之中便能增加你在男士心中的印象分哦。手部皮肤代谢相比脸部会慢些，所以衰老的速度也会快很多。

平日里就要注意和戒掉让手部变干燥、粗糙的坏习惯!

❶ 没完没了地洗手

经常不洗手会加速皮肤粗糙，但洗手太多同样会伤害手部皮肤。

所以，洗手不宜太勤，平时保证在饭前、便后洗手就可以了。

❷ 经常用酒精消毒

刚洗完手或是觉得手不够干净时，有许多人会使用含酒精成分的湿纸巾来擦。但是，你要知道的是，当酒精挥发时会带走肌肤中的水分，这也是肌肤干燥及粗糙的原因，所以最好不要这样做。

❸ 用很烫的水洗碗

洗碗时使用烫水，手的皮脂也会跟着流失。应该使用40摄氏度以下的温水洗碗，为了防止手部粗糙，还可以使用橡皮手套。

❹ 手部感觉干燥、皮肤收紧才涂护手霜

涂护手霜的最佳时机，是在洗手过后手还微湿的时候，这时涂足量的护手霜保湿效果最好。除了手背外，手掌和手指间也不能忽略哦，涂起来必须做到“面面俱到”。

❺ 没有涂防晒油

手常常露在外面，所以也是很容易晒伤的部位，必须经常涂抹防晒油进行保护。

## 自己动手做手部护理

整天外露工作的双手是我们重点呵护的对象。现在我就给美丽的MM们讲解一下玉手的护理方法，让你不再为自己的双手烦恼。

护理❶：去死皮

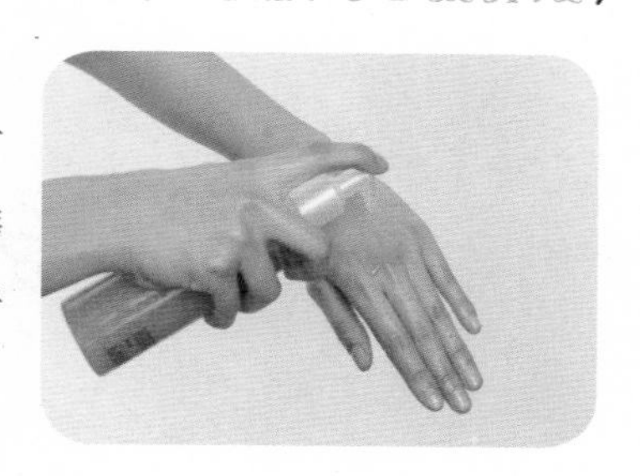

想要令手部保持清洁，去死皮的工作必不可少，应该保证每个月做一次。选择含有蛋白质的磨砂膏混合手部护理乳液，涂抹在手部的皮肤上进行按摩即可。

护理❷：戴手套

在做家务、进行其他劳动的时候戴上外层橡胶、内层棉质的手套，以保护双手不受外界的磨损，还能保证双手的温暖，令其不至于受冻。

护理❸： 橄榄油

在睡前用橄榄油按摩双手可以软化肌肤皮层，深入滋润肌肤底层。还可以有效防止指甲脆弱易断，这招对付经常涂指甲油的指甲也非常有效。

护理❹：裹保鲜膜

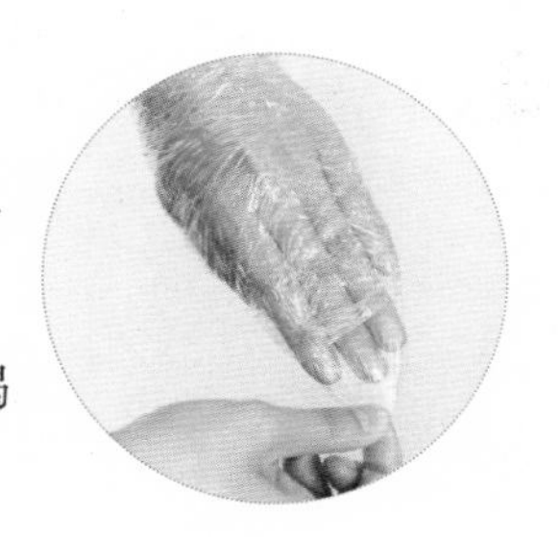

在涂了很厚的护手霜和其他护理品后，把自己的手部裹上保鲜膜，让护手霜和精油的滋养深深渗透于手部的每一寸肌肤，保证手部的每一寸肌肤都能很饱地喝足“水”。

## 手部按摩操，越做手部越健美

在涂护手霜的同时做做手部按摩操，可以帮助皮肤吸收营养、消除手部过多的脂肪，加速血液循环，预防冻疮的产生。

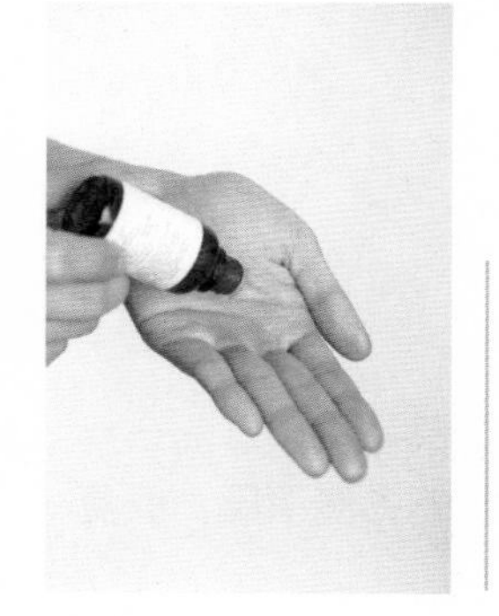

按摩之前先在手背上抹润手霜或是滋养霜，然后从手指尖到手腕不断进行向上的揉搓，直到手背充分吸收营养品为止，两只手各反复进行 10 次左右。

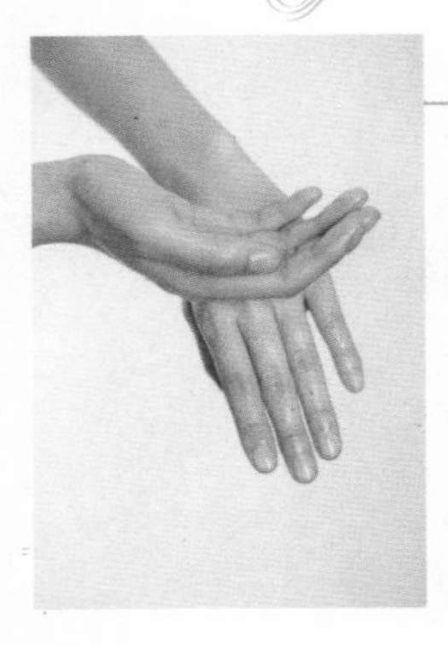

一只手平放，另一只手的手指弯曲，手背相互摩擦至产生温热感，反复进行10次左右。

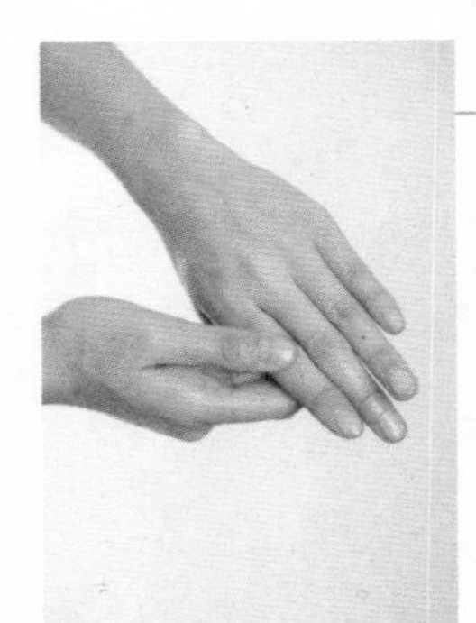

用一只手的拇指摁住另一只手的手指关节，并以螺旋形滑动、旋转、揉捏。

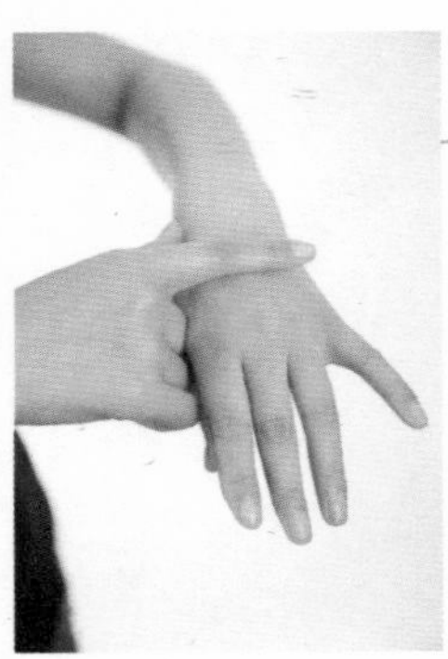

用食指和中指的中间关节在另一只手的侧面上下滑动。

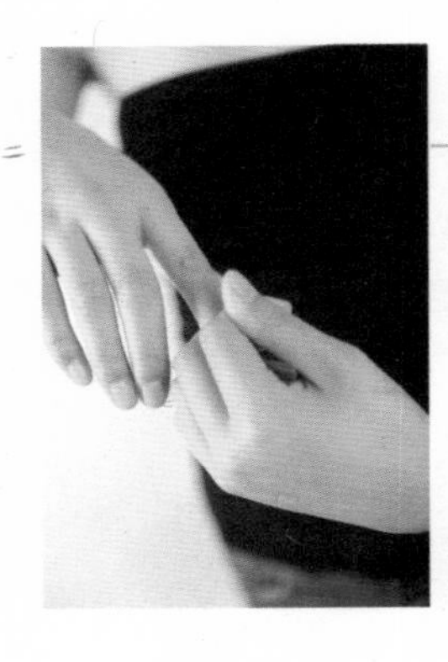

用食指和中指的中间关节抓住另一只手指甲的底部用力往外抽。

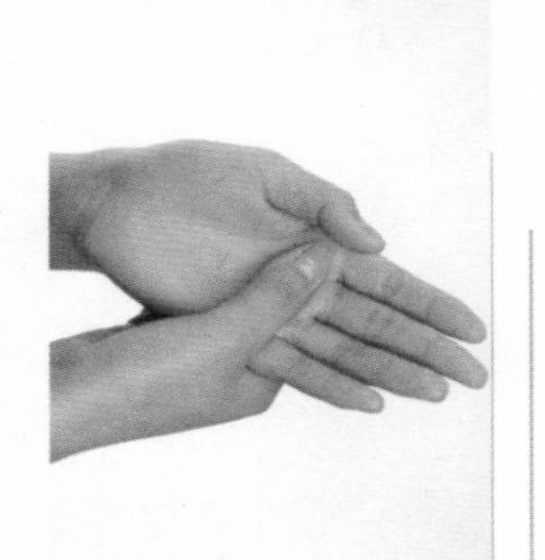

打开手掌心后用另一只手将其托住，然后用大拇指用力推手指的根部。

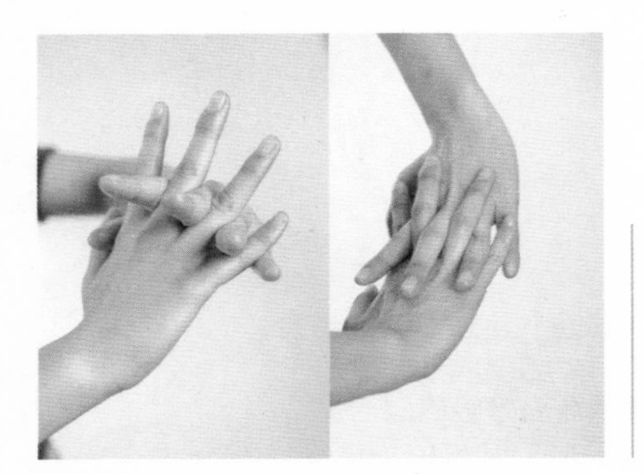

在打开手掌心的状态下，两只手正向交叉，用适当的力度下压，反复做 2~3 次。

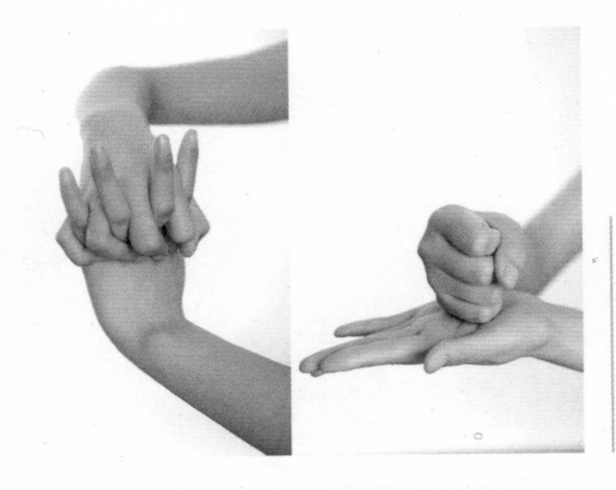

最后把一只手的手指扣在另一只手的手指间，用力摁住空隙的部分并向后扬，反复做10次后用拳头使劲拍打手掌。

在按摩时，要注意动作柔和一些，每次按摩数分钟，每日坚持数次。

## 手部保湿滋润小窍门

❶ 淘米水护手

坚持用淘米水洗手，可收到意想不到的好效果。具体方法：煮饭时将淘米水保存好，临睡前用淘米水浸泡双手10分钟左右，再用温水洗净、擦干，涂上护手霜即可。

❷ 用牛奶或酸奶护手

喝完牛奶或酸奶后，不要马上把装奶的瓶子洗掉，一定要记得“废品”的利用。将瓶子里剩下的奶抹到手上，约15分钟后用温水洗净双手，这时你会发现双手嫩滑无比。

❸ 鸡蛋护手

取鸡蛋一只，去黄取蛋清，加适量的牛奶、蜂蜜调和，均匀敷手，15分钟左右洗净双手，再抹护手霜。每星期一次，可去皱、美白。

## Q&A（问与答）

Q：A

Q：我们的手也需要去角质吗？

A：和你的面部、身体一样，双手也是需要去角质的。每两三个礼拜进行一次，用糖或盐为你的双手去角质，保养你的纤纤玉手。去角质是为了去除你手部多余的死皮，这样你的双手会更加柔软光滑。

Q：我想问老师是否可用面霜、眼霜等替代护手霜？

A：面霜或眼霜类产品对于手部肌肤而言，滋润效果并不理想，因为脸部产品专门对面部起滋润作用，它的滋润度也达不到手霜的要求，所以最好还是使用护手霜来护手。

# 别让脚透露你的秘密

## 脚部皮肤护理四重奏

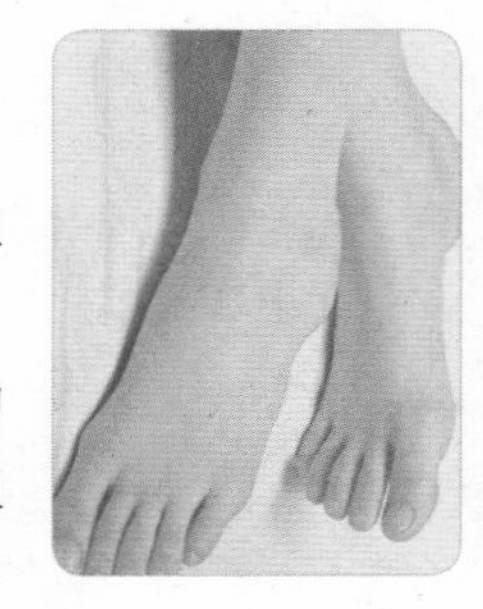

如果说手是女人的第二张脸的话，那么脚便是体现女人生活精致与否的一面镜子。

女性往往会非常重视保养自己的容颜，却忽视护理自己的双脚，这种做法同样会令我们的美丽大打折扣。其实，拥有一双洁净、柔软的双脚并不难，只要你掌握了下面这四个护理步骤：

❶ 清洁

每天用热水泡脚，定期使用磨砂石按摩脚部，重点在脚后跟和脚掌前侧，可以去除死皮和老废角质。

另外还需备一套专业的脚部清洁工具，可以让你的保养工作更省力。

❷ 保湿

无论泡脚还是洗澡后，都要第一时间擦干脚部的水分，否则水分残余会令脚部细菌的滋生速度加快。

选择一款脚部专用的保湿产品，或者一款质地厚重的身体保湿霜为脚部锁住水分。在脚后跟、脚掌前等容易干裂的部位可以二次涂抹，更能加强保湿效果。

你也可以DIY足膜，在脚上涂好2~3倍的润足霜，套上棉袜睡一觉。第二天起来，你会发现原本干燥的双脚变得非常柔软。

❸ 清爽

爽足粉能抑制脚汗。先在地上铺好报纸，然后站在上面，往脚背上撒上爽足粉，注意量不要太多，少量多次为宜，充分地将其抹在脚背、脚趾间，充分抹匀后穿上袜子，这会令你的脚部保持一天的清爽。

脚部喷雾也是个方便好用的东西。先把脚擦干净，再将喷雾均匀地喷在趾缝间，喷雾中的酒精成分能够起到杀菌、清凉的作用，特别适合在夏天使用。

❹ 防晒

用过的织布面膜可以用来对付脚部晒黑的问题，面膜中残留的精华液，用在双脚上完全没有问题，将面膜在脚上擦拭2~3分钟，你会看到非常理想的保湿、美白效果。如果你的脚上涂过防晒霜的话，则要记得清洁，在洗澡时多用一遍沐浴液擦拭就可以了。

## LISA的脚部护理绝招：牛奶盐足浴

这是LISA最喜欢的一款脚部护理SPA配方，不仅让你的脚部得到放松，还能令脚部的肌肤更加白嫩细滑。

配方很简单，可以用网上买得到的牛奶盐，或者是我们平时喝的牛奶半杯加粗盐若干。

在洗脚水中倒入牛奶盐或者是牛奶，水温保持在40摄氏度左右，一边泡脚一边用手按摩脚跟处。牛奶具有很好的美白效果，而盐可以帮助我们打磨脚底的老茧，使脚部肌肤变得细滑白嫩。一个星期就可以把脚上的老茧打磨得比较细滑。

大家记得泡脚的时候在盆上盖上一条浴巾或者是毯子哦，这样可以将热气都包在里面，让蒸汽更好地渗透至我们的肌肤，从而获得最佳护理效果。

## 堆在角落里的护肤品都用起来

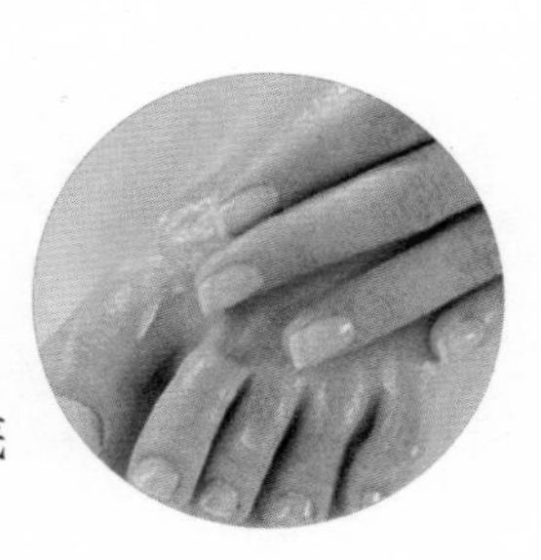

是不是大家都和LISA一样，有好多被丢在角落里面的，没有用完的各种护肤品？这些护肤品完全是因为一时冲动，或者仅仅是因为包装好看而“收”进来的，但却又不知道何时才能派上用场。面对着一堆没有用完的护肤品，我们到底该怎样处理它们呢？

别着急，其实很简单，就把它们用在我们可爱的足部吧。我们的足部也是需要精华啊、乳液啊、护肤水啊之类的护肤品来呵护的哦。不过不要忘记，涂完护肤品之后还要涂上一层厚一点的乳液将水分锁住。

## 一款鞋不要连续穿好几天

好多美眉在夏天会选择穿凉鞋，但是这样脚部皮肤便会暴露在阳光下，令脚面产生肤色不均的问题，脚也会因此变得非常难看。

由于每双鞋与足部接触的地方不同，所以每天穿同一款鞋会导致同一个地方来回摩擦，造成局部变黑或者破损。另外连续穿一款鞋子好多天，也会给鞋子带来负担，容易令其变形和有味道。

所以美眉们要记住：第一，夏天穿凉鞋时记得给脚部涂防晒霜；第二，记得不要连续好几天穿同一双鞋子哦。

## Q&A（问与答）

### Q：A

Q：听说穿高跟鞋会加深脚部问题、影响脚部健康？

A：其实正确来说，应该是穿着不合适的高跟鞋会加深脚部问题，影响脚部健康。如果高跟鞋鞋跟太高，鞋子就会向前倾斜，双脚便会在鞋里向前滑，而脚趾由于受到挤压，也会出现外翻的情况，不利于足部健康。

Q：足底好身体就好吗？

A：很多人都知道足底穴道对应着人体内的各个器官，经常按摩足底反射区，可以消除身体的不适症状。每天选择专用的足部按摩霜为足部按摩，不仅可以舒缓足部的疲乏，还可以令身体更加健康。

# 让全身的肌肤都优雅性感

## 细致沐浴，全身肌肤水当当

经常见到夏天已经悄悄溜走，但是爱美的女人们依旧身着性感热裤和精致短裙，以露出令自己充满自信的肌肤。是的，女人总是喜欢追求更完美的肤质，恨不得自己身上的每一寸肌肤都可以完美得无懈可击。这并不是不可能的事情，跟着LISA老师来做，让自己的身体尽享滋润，让身体上的每一寸肌肤都如丝般顺滑。

### ❀ 再忙也要每天给肌肤沐浴

❶ 沐浴可以洗掉堵在毛孔内的污物，利于皮肤进行排泄和吸收营养。

❷ 沐浴能够增强皮肤的代谢能力，加快皮肤排泄废物的速度。

❸ 沐浴可以加速人体的血液循环，令皮肤各部分均获得更多的营养，保持皮肤的健康与美丽。

❹ 温度适当的水能够对皮肤神经起到镇静作用，有助于止痒、止痛和缓解其他不适感。

❺ 沐浴可以治疗皮肤疾病，在浴水中加入浴盐、浴油、精油等，可使这些产品中的有效成分直接经皮肤被人体吸收，对皮肤病的治疗有益处，也有利于皮肤的润泽。

### ❀ 定期使用磨砂膏，去除角质与死皮

身体肌肤和脸部肌肤一样，也需要一套从清洁到滋润再到特殊护理的完善的日常护理程序。任何护肤程序都要从清洁开始，之后再给肌肤进行滋润、保湿或特殊的护理。

肌肤细胞的代谢周期是28天，但如果肌肤缺水干燥的话，这个过程就会变慢，老废细胞便会在肌肤表面堆积，令肌肤难以正常呼吸，变得暗淡、不够柔滑甚至是粗糙起来。

在沐浴时定期使用磨砂膏按摩，可以去除死皮细胞，促进细胞再生，促进血液循环，滋养、净白肌肤。

### ❀ 沐浴后做一个全身滋润

想要一觉醒来让肌肤变得水润光滑，就要学学下面这个妙招。沐浴后将全身都抹上润肤乳，从手腕到胳膊涂上厚厚一层，可以起到显著的保湿效果。若使用含有美白成分的润肤乳，可起到预防色斑的作用。怎么样，让肌肤变得柔软嫩白不难吧？

## 冬日精油美体泡澡秘方

到了冬天你是不是经常会感觉自己的皮肤干燥，粗糙到连你自己都不想看？

想不想让你的全身皮肤都滑嫩到吹弹可破呢？

这是经过LISA实践的，非常有效的一款精油泡澡秘方，拥有了这个秘方之后，全身的好皮肤便不再是梦想，你唯一要做的便是：信念加坚持。

你需要做以下这些准备：

❶ 能够容纳你身体的浴缸。

❷ 连续10天放弃夜生活。

❸ 准备上好的玫瑰、依兰、天竺葵这三种精油，如果经济条件允许的话，最好选择品牌的上好精油。

❹ 一件大浴袍，因为泡澡中途会起身，所以为了防止感冒，大家一定要准备好浴袍。

❺ 在浴室里面准备好自己喜欢的音乐，因为在浴缸里面等待的时间可能会有些无聊。

⑥准备一个计时器，到点就会提醒你该起来啦！

配方：玫瑰精油5滴、依兰精油3滴、天竺葵精油5滴、洋槐蜜2勺、牛奶半杯。

将以上这些配方搅拌之后倒入装有热水的浴缸里继续搅拌。

淋浴清洗完自己的身体之后，就准备好分三次泡澡吧，时间分别是5分钟、8分钟、10分钟。

第一轮泡澡5分钟后，起来喝一杯蜂蜜水。休息1~2分钟，再次进入浴缸。

第二轮泡澡8分钟后，起来活动一下，走走路，大概2分钟后再进入浴缸。

第三轮泡澡10分钟后，起身擦干身体，全身涂擦厚厚的身体乳液。

之后穿上睡衣、袜子，带上手套，睡觉。

连续10天为一个泡澡周期，10天之后，你就会发现，自己全身的皮肤滑得像丝缎一样，自己都感到爱不释手，不信你就试一试吧。

## 不要忽略女人身体最美的部分——胸部

由于和外界接触较少，乳房已经成为我们身体中比较隐蔽的部位。也正因为这样，它经常成为被忽略的对象，得不到面部甚至手部同等级别的护肤待遇。而事实上，乳房也会遇到干燥、粗糙等皮肤问题，加上乳房作为功能器官的特殊性，对其进行养护则更需技巧。那么我们应该如何做好乳房护理呢？

### 清洁：洗面奶好于沐浴乳

乳房上有大量皮脂腺和汗腺，当你用清洁力过强的沐浴用品擦洗胸部时，化学成分会破坏胸部皮肤表面的角化层细胞，还会洗去令乳房皮肤润滑的油脂。

建议换用柔和、无刺激的洗面奶来擦洗胸部，洗后一定要用清水冲洗干净，以免使残留物质沉积于敏感的乳腺细胞内，造成乳腺堵塞。

清洗胸部的水温要稍微高于体温，40℃~45℃最理想。在洗澡频率比较高的季节里，不用特别使用清洁产品，只用温水清洗也是不错的选择。

### 去角质：温和最重要

乳房的开放性结构决定了胸部肌肤要比其他部位的肌肤更容易受到外界影响、吸收外来物质，因此需要特别的去角质步骤以保证胸部皮肤得到彻底的清洁。

但同时，胸部又是神经密布、触觉敏感的部位，极容易受到刺激或引发敏感，所以选择一款温和的去角质产品便显得格外重要。

对胸部皮肤去角质的频率不应超过每周1次。

### 滋润：身体乳产品也可用

通常情况下，专为滋润乳房而设计的乳霜和凝露产品，都具有紧实或者丰胸等附加功能。

如果只需要简单滋润的话，那么有些身体乳产品也可以用来滋润胸部皮肤，尽量选择具有润肤滋养功效的润肤品，可以确保胸部皮肤的水润健康。

## Q&A（问与答）

Q：A

Q：护体油或润肤乳要浴后马上用好，还是等身体稍干一些时用好？

A：请大家最好在身体干了一些后再使用，因为刚洗完澡时身体的温度还很高，汗腺的分泌也旺盛，如果立刻抹上润肤乳，产品被吸收的速率会比较低，并且还会随着汗液蒸发而留在皮肤表面，保养效果因此也会大打折扣。

# CHAPTER 8

# 美甲——让你的指尖闪亮起来

女人的优雅不仅仅指精致的妆容、考究的衣着和不俗的谈吐，更加体现在女人的指尖上。美甲，透露着女人的心情和品位。美甲，让小小指甲夺人眼球、彰显魅力。美甲的风行不是没有道理，你尽可以随心情更换指甲的图案，从而让自己的个性和品位展现无遗。

## 认识不同的指甲形状

不同人的手，形状也各有不同。而手型又是天生、不容易改变的。如果你对自己手型不满意的话，恐怕不能像面部那样通过化妆的手法来令手型变得完美。这个时候，指甲的作用便发挥出来了，我们可以运用指甲的不同形状来弥补手部缺陷，令自己的双手变得完美。

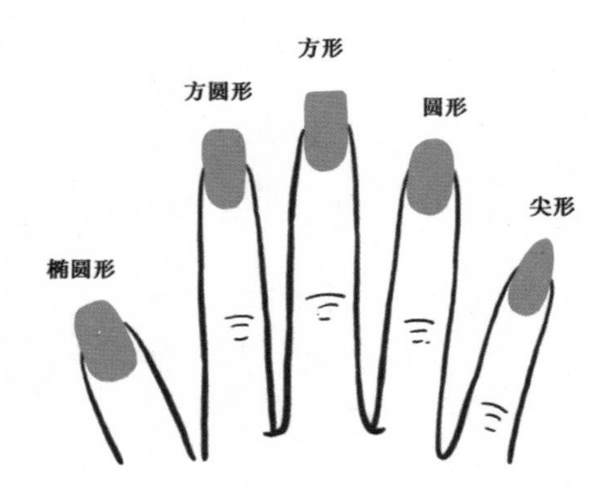


A：椭圆形指甲

椭圆形的指甲，从游离缘开始，到指甲前端的轮廓呈椭圆形，属于传统的东方甲形，适合双手及手指都很圆润的女孩。

B：方圆形指甲

方圆形的指甲前端和侧面都是直的，棱角的地方呈圆弧形轮廓，这种看上去很结实的形状会给人以柔和的感觉，对于骨节明显、手指瘦长的人来说，方圆形指甲是个不错的选择，可以在视觉上弥补手部的不足之处。

C：方形指甲

一般来说，方形指甲极具个性化，能够引领潮流，这种甲型比较受职业女性和白领阶层的欢迎。如果你的双手够大，手指够纤长的话可以选择方形指甲。方形指甲能够给人手指长度被拉长的感觉。

D：圆形指甲

圆形指甲比较常见，很多MM都很喜欢圆形指甲，很自然，适合于手修长、自身手指长得好的人。

E：尖形指甲

尖形指甲由于和物体的接触面积小，非常容易断裂，亚洲人的指甲又天生较薄，所以不适合修成尖形。但如果是上舞台或是参加晚上的聚会，可以考虑将自己的指甲修成尖形，这样可以增加时尚感、吸引他人的眼球。

## 常见的美甲色系

我在这里只说三种比较常见的美甲色系：

A：红色系

酒红色的指甲油是一种万能的甲油，任何人涂上它都会非常美丽。它色泽深，能遮掩指甲的乱痕，让肤色显得更白皙。即使不配首饰，也能将女性的魅力展现到极致。

粉红色散发着浪漫的气息，能够表现出可爱的少女味，使用粉红色指甲油时别忘了戴上式样可爱的首饰。要想尽展浪漫风情，应搭配粉嫩、透明的配件。

B：绿色系

墨绿色非常适合指甲短小的女孩，给人很Cool的感觉，如果你想尽展个性美，就别错过这个颜色。它与民俗风格的配饰很搭配，最适合皮革或者是手工格调的首饰。

带有珍珠光泽的亮绿色充满未来感，会使你的指尖更亮丽，适合搭配米色、咖啡色、灰色的服饰与首饰。

C：银色系

涂上银色指甲油，再配上必要的银饰，色彩更加统一，若能配上珍珠色泽的彩妆则会更加具有平衡美。

D：蓝色系

冰蓝色绝对是属于夏天的颜色，若搭配同色系的首饰，效果会更加出色。

## DIY美甲前的注意事项

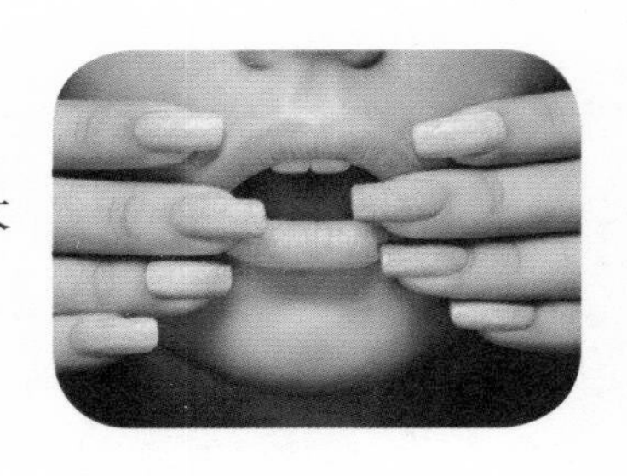

现在很多的女孩子都喜欢在家DIY美甲，为了让大家美得更加无忧，LISA在这里要告诉大家几点：

❶ 美甲之前，要将手和指甲彻底清洁一遍

开始先用杀菌肥皂洗手消毒，然后再将手放入温水中浸泡，令皮肤变软后，用湿纱布擦拭甲面和甲缝。

❷ 护甲底油不能省

在涂甲油前，一定要先涂一层淡彩护甲油，能够起到保护指甲光泽、提高指甲韧性并让甲油色彩鲜亮、持久的作用。

❸ 选择安全可靠的指甲油

在此，LISA提醒大家一下，为了保证指甲的健康，一定要选择口碑好的指甲油，以减少美甲对指甲造成的危害。

## 那些让你喜欢到尖叫的指甲

### 可爱甜美波点指甲

波点一直都是深受爱美MM喜欢的图案。这种指甲图案做起来步骤简单，不讲究复杂的美甲画花技巧，利用一些小工具就能完成。下面便教大家非常可爱的波点美甲制作方法，真的很简单呦！

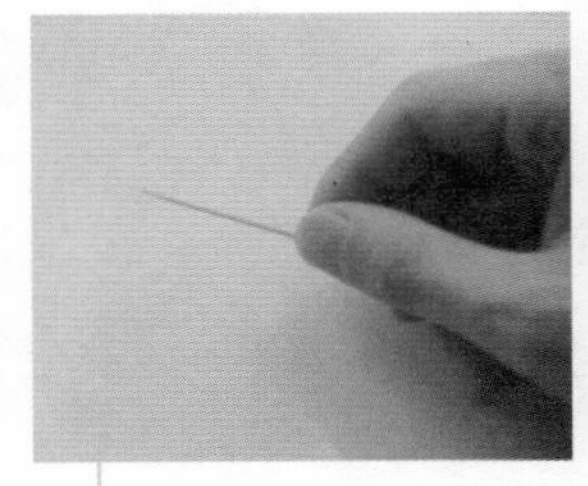

首先准备工具：底油、亮油、粉色指甲油、褐色指甲油、牙签（磨一下头部，不要太尖）。

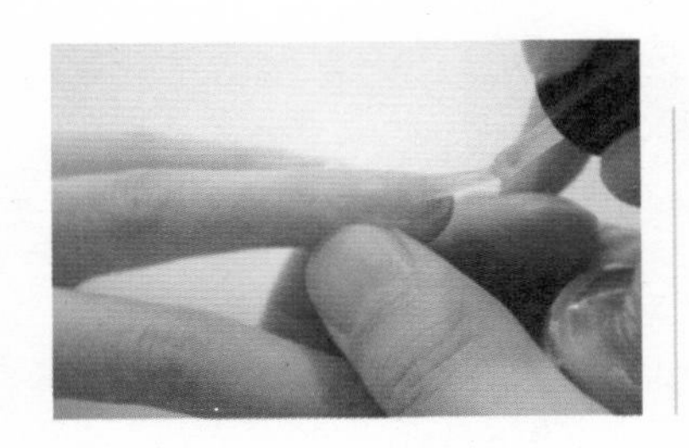

为了能够保护指甲和甲油的稳定，一定要先涂底油。

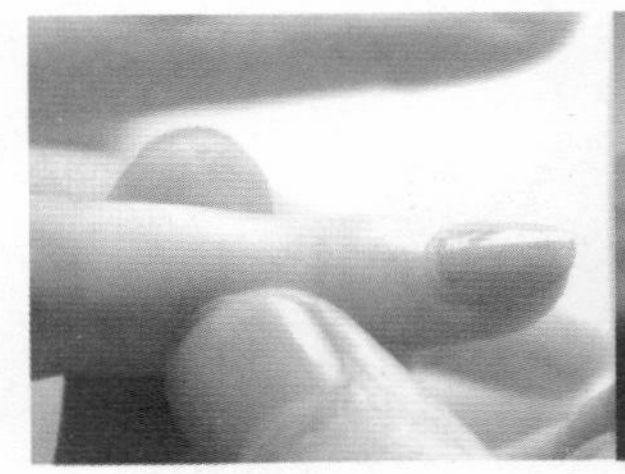

除无名指和大拇指均匀涂抹粉色指甲油外，其他手指都均匀涂褐色指甲油。

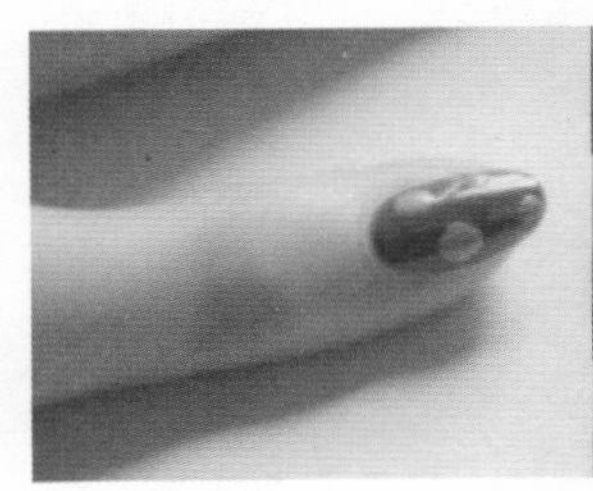
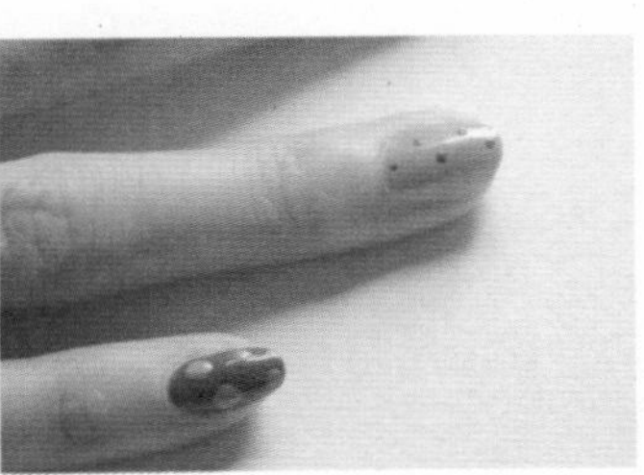

然后，用牙签在褐色底色上面点上粉色的波点，换一根牙签，在粉色指甲上面点上褐色的波点，波点的大小依据自己的喜好而定，但是，务必要保证美观哦！

过15分钟，待甲油干了之后，再用亮油涂抹一遍。

这样，可爱又简单的波点指甲就算是完成了，你学会了吗？

## 鲜美欲滴牛奶指甲

鲜美欲滴的牛奶美甲，仿佛指尖蘸上了鲜美的牛奶，清澈爽嫩的感觉带给自己一整天的快乐心情，开始吧，跟我一起做牛奶美甲啦！

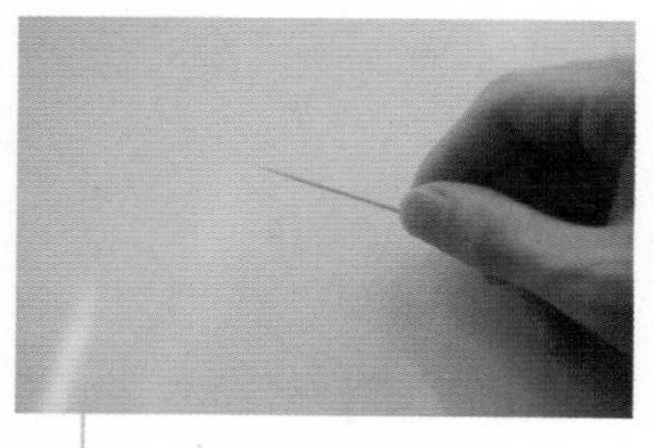

在做美甲之前，首先要准备好所需工具：牙签（磨一下头部，不要太尖）、底油、亮油、白色指甲油。

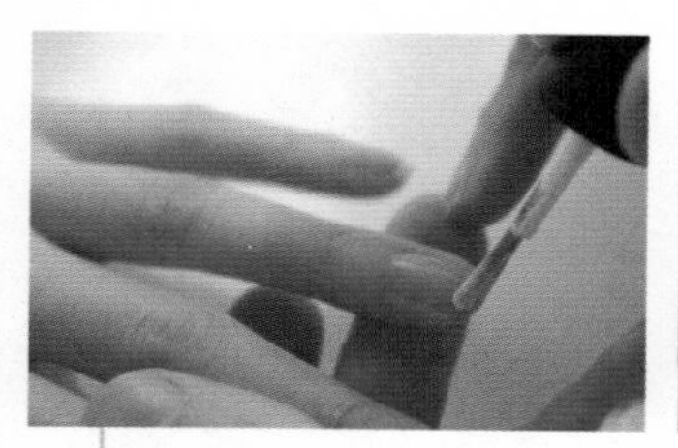

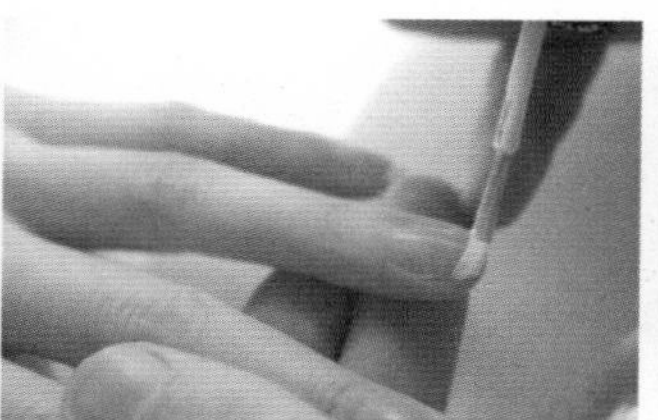

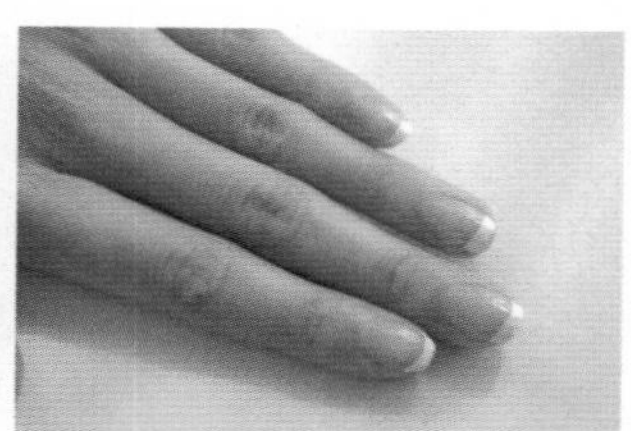

一切准备就绪，就开始涂底油吧，底油涂好后，先用白色指甲油轻轻地画法式边，如图所示。

然后，用牙签的头部蘸取适量的白色指甲油，错落有致地点到甲面上，注意，要控制好牙签蘸取的量哦！

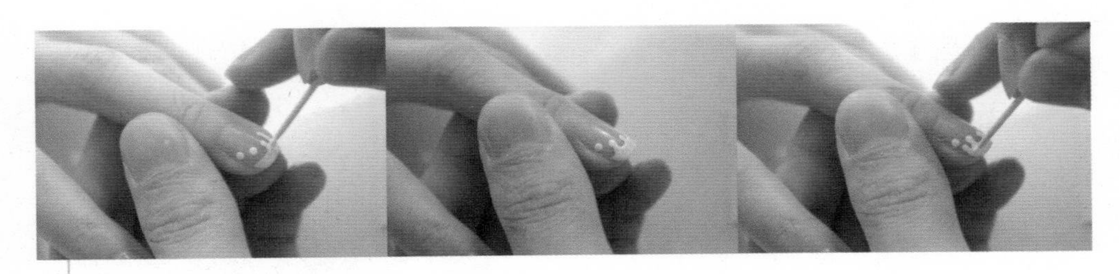

接下来大家跟着我，稳稳地捏住牙签，把这些小点和下面的法式边衔接起来，过渡要自然哦！

不需要每一个指甲上的图案分布都是一样的，可以错落分布哦！每一个都可以做成不规则的图案，会显得更加的自然。

最后再涂抹上亮油，把精心画好的图案保护好哦！

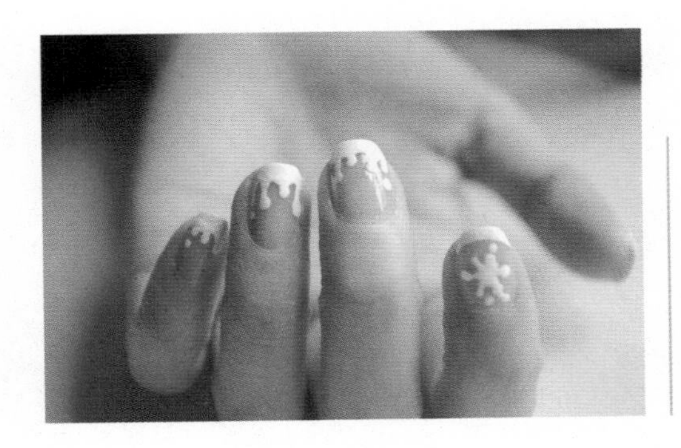

耐心等待一下，等甲油完全晾干后，牛奶甲就完成啦！

## 长颈鹿纹指甲性感到指尖

长颈鹿身上的纹路样式会让你的指甲足够抓人眼球，无规则的排列让人看第一眼，就能够感受到强烈的冲击力。性感的你，让指尖也性感起来吧！

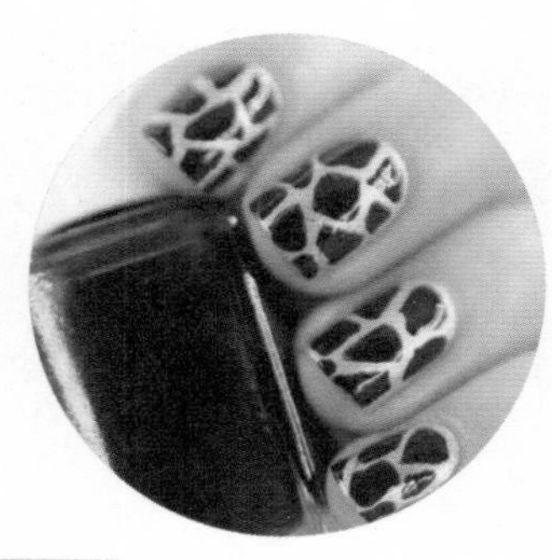

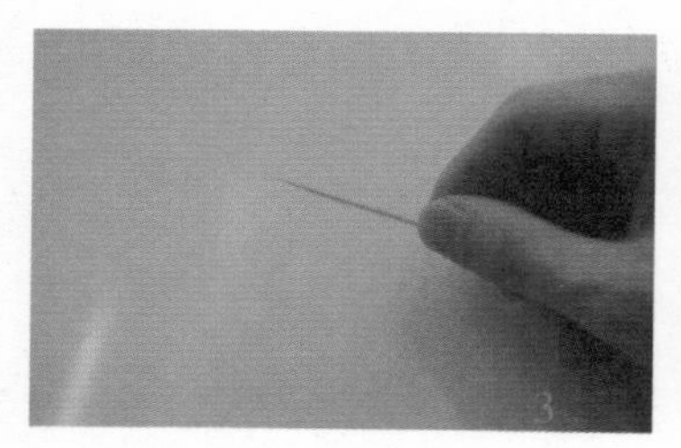


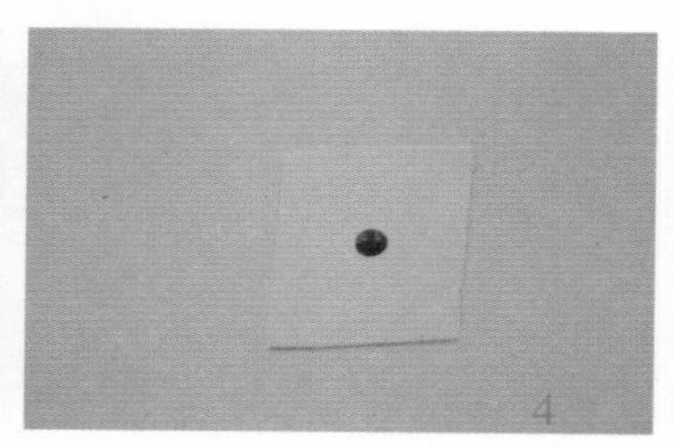

开始之前要准备好所需工具，褐色指甲油、金色指甲油、底油、亮油、牙签（磨一下头部，不要太尖）、小片卡纸。

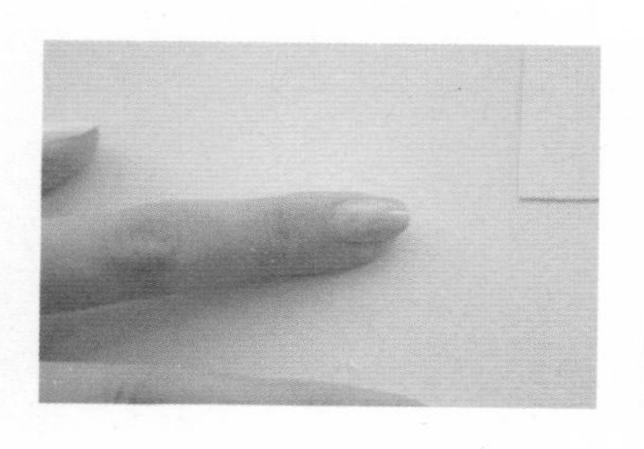

首先均匀地涂抹底油，再涂抹金色指甲油，这一步相信大家都已经很熟练了吧！

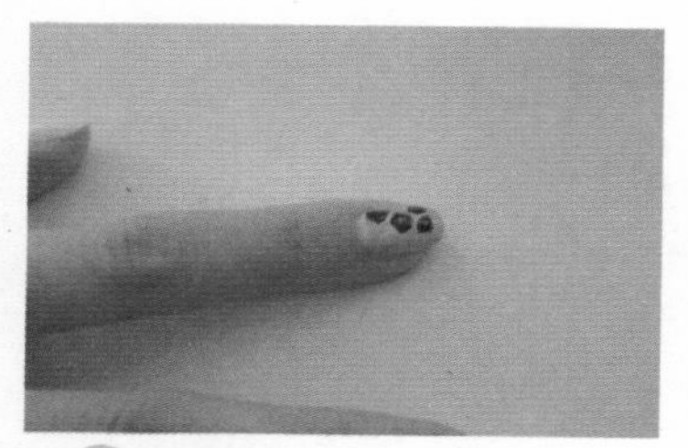

关键的步骤来喽！如何把纹路画上去，这个可是有讲究的！等待 15 分钟后，用牙签把从卡纸上取下的适量褐色指甲油错落点到金色甲面上，形成不规则几何图形，注意控制蘸取的褐色指甲油的量哦！

过大约 15 分钟后，待甲油稍干，用亮油封起做好的纹路，待甲油完全晾干后，性感的长颈鹿纹路美甲就完成啦！

现在是不是跃跃欲试了呢？拿出你“封存已久”的指甲油开始一步步学起来吧！

## 缤纷绚丽彩虹指甲

炎炎夏日，亲爱的你，可以尝试下面这款缤纷绚丽彩虹指甲，只需利用简单工具即可让你的指甲立刻变得色彩缤纷，你爱上它们了吗？

此款缤纷绚丽彩虹指甲所需工具也是色彩缤纷的：底油，亮油，白色、橘色、黄色、绿色、蓝色、玫红色指甲油，双眼皮胶带，小剪刀。

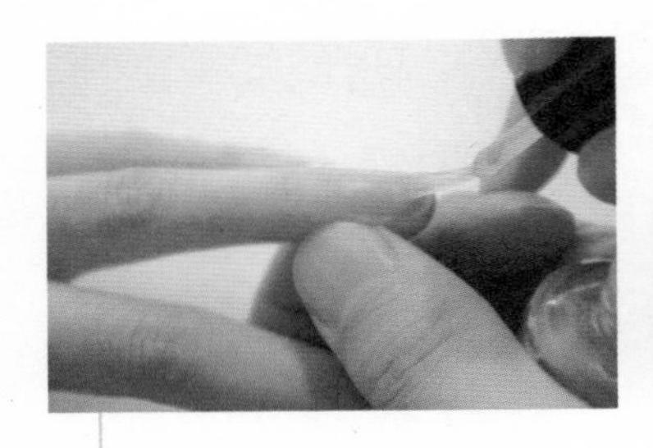

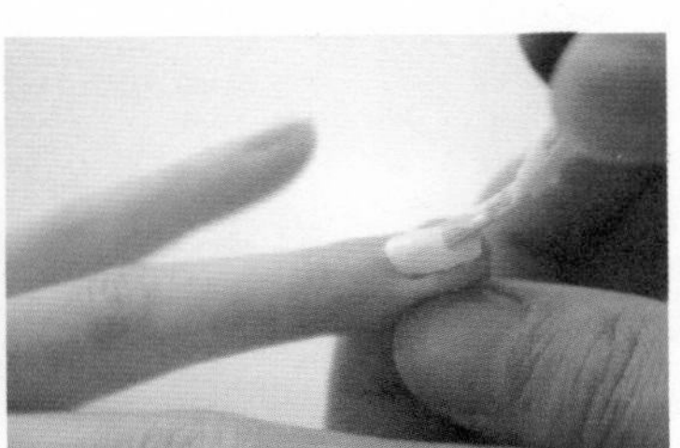

涂抹底油是每次美甲都必需的功课，底油涂抹完毕后，再均匀地涂上白色指甲油。

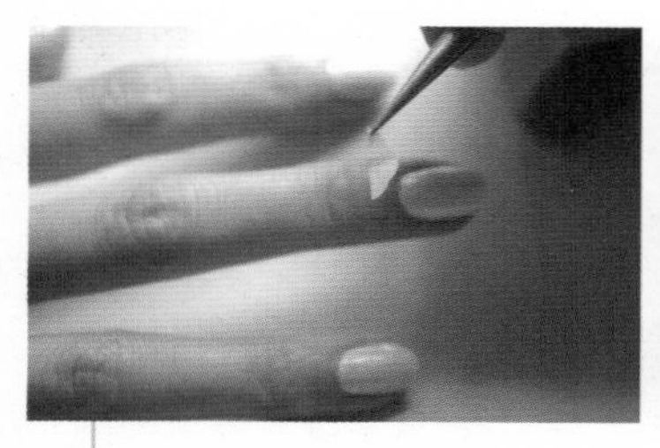
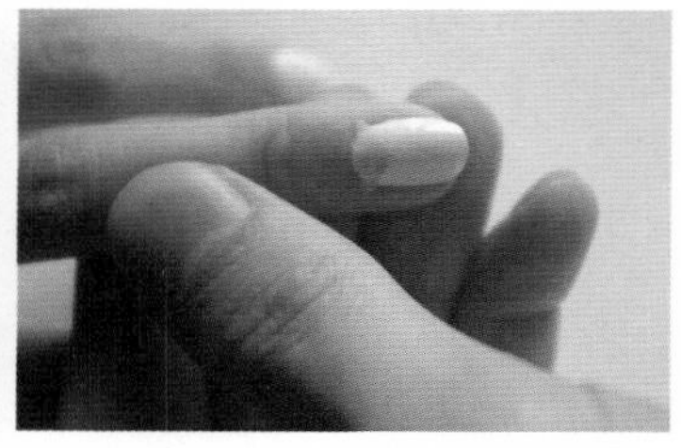

剪取一小段胶带，剪成云朵状，等 15 分钟后，用镊子将其贴在白色指甲根部，注意千万不可以在涂上白色甲油后立即贴胶带呦，因为指甲油和胶带会黏在一起，影响指甲油的完整性呢！

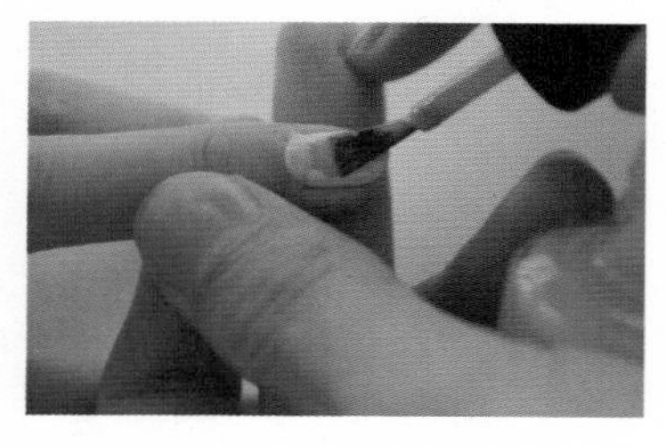

贴好胶带后，先在指甲中央部位刷黄色指甲油。

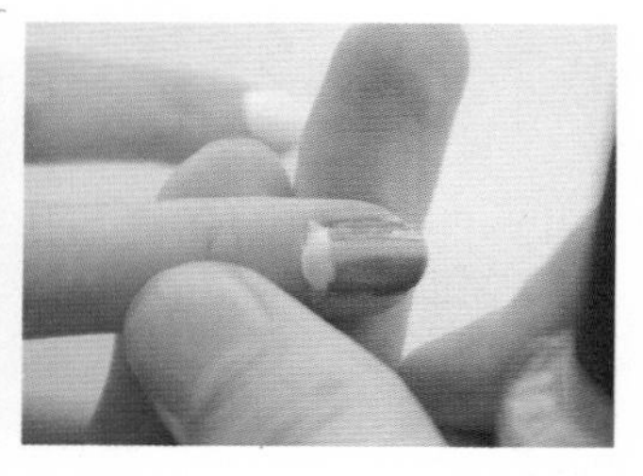

然后，左侧依次涂上绿色和蓝色指甲油，右侧依次涂上橘色和枚红色指甲油，色彩缤纷的彩虹甲就快要出炉啦！

刷完后立即撕掉胶带，云朵是不是立即呈现了呢！大约等待 15 分钟后，再涂抹亮油，保护好我们精心制作的云朵和彩虹！

这样彩虹甲就完成啦！亲爱的，欣赏自己完成的缤纷彩虹指甲，心情是不是也充满了阳光呢！

### ❀ 轻熟女风黑桃领结指甲

女性的魅力在于能够实现刚柔并济的变换，这款黑色和玫红色完美结合的美甲，把轻熟的知性和帅气完美体现了出来！黑桃领结美甲要做的只是配合你把自己的气质演绎得独一无二。

首先准备好需要的工具：底油，亮油，牙签（磨一下头部，不要太尖），双眼皮胶带，小剪刀，镊子，黑色、玫红色指甲油。

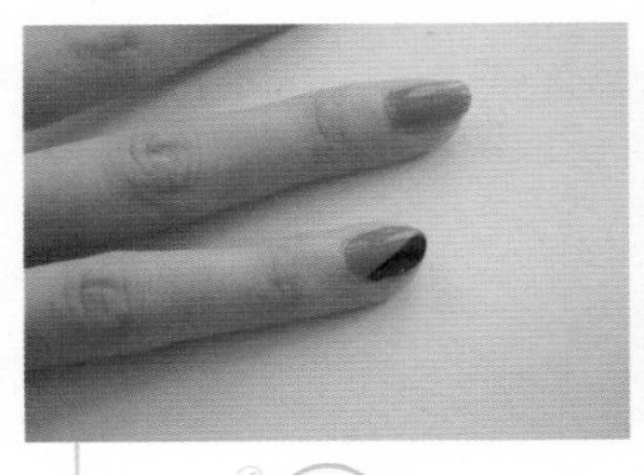

首先均匀地涂抹底油，做好后，涂抹玫红色指甲油作为底色。再用牙签蘸取黑色指甲油，在无名指的甲面上画出一个 V 字形，这一步考验你的基本功哦！

用牙签蘸取黑色指甲油从 V 字中央画出一条黑线，如图所示，不可用力过大哦！

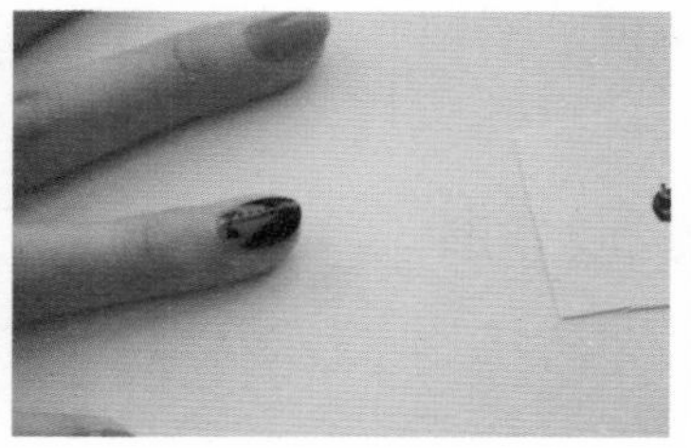

用牙签画出领结的形状，在黑线的一侧用牙签点上黑点作为纽扣。这样一件帅气的小西服就完成啦！是不是很萌呀！

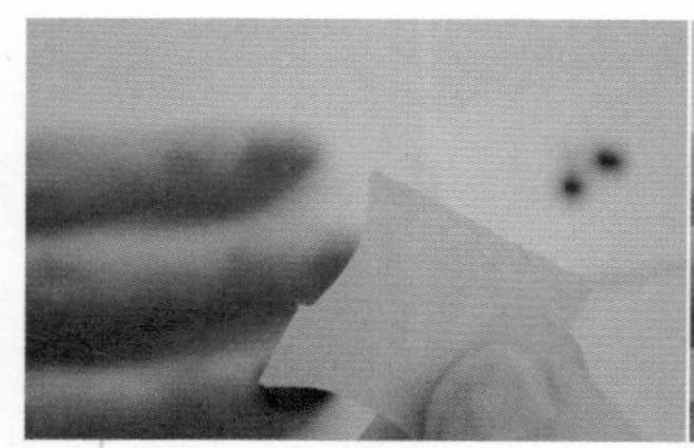
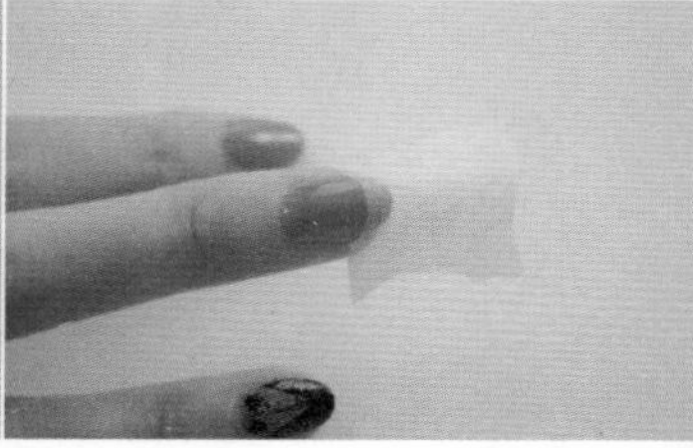

用剪刀修剪双眼皮胶带，在中指的指甲末端贴出法式边，并用黑色甲油覆盖，其他几个手指，也用相同的方法来完成，如图所示。

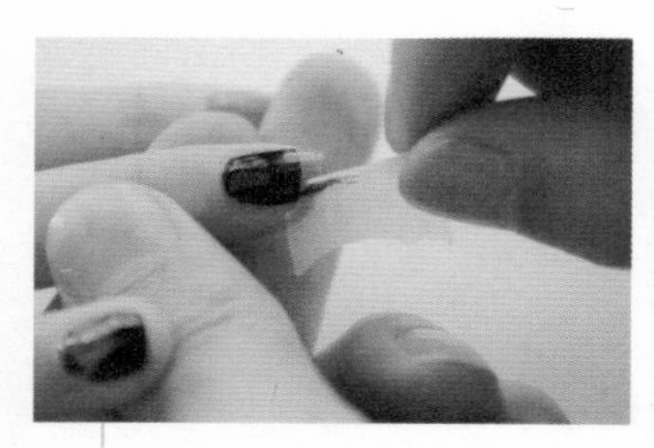

涂好后，立即去除双眼皮胶带，等待 15 分钟后，涂抹亮油，保护我们已经完成的图案！

这样，帅气知性的黑桃领结美甲就完成啦！

### 甜蜜爱意爱心指甲

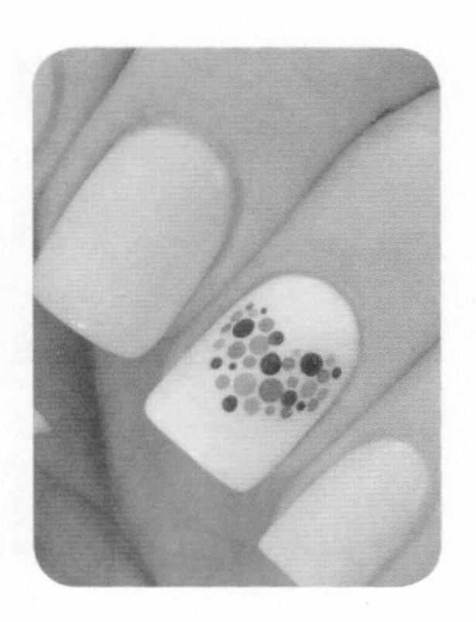

看到这款爱心美甲，是否你的心里想要说一句："亲爱的，早安！"小清新的早晨，淡淡的色彩指甲上散落的是稀稀落落的雨滴，此刻你的心中充满的是甜甜的爱！

是否你已经爱上这款美甲了呢?

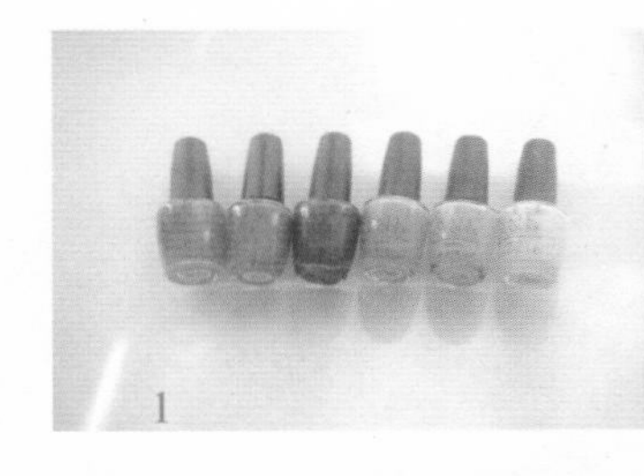
1

2

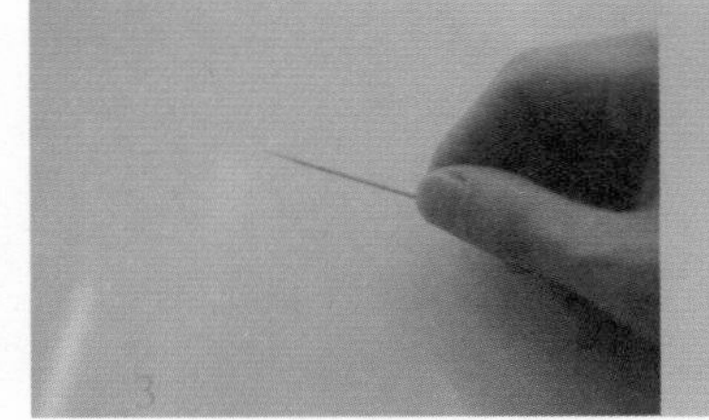
3

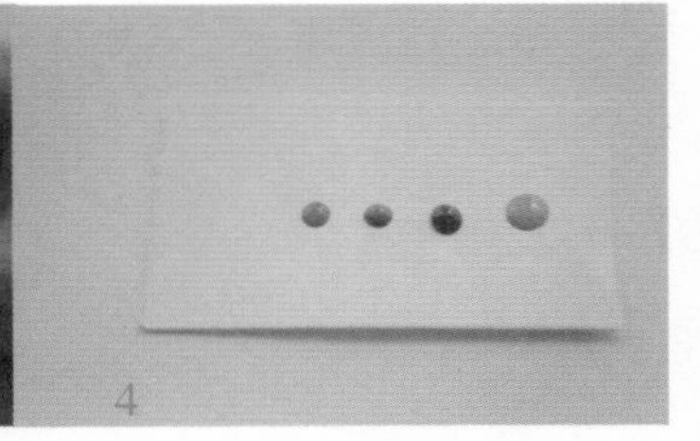
4

准备好所需工具：牙签（磨一下头部，不要太尖），底油，亮油，玫红色、紫色、深红、浅粉色、肉色、白色指甲油，小片卡纸，我们开始吧！

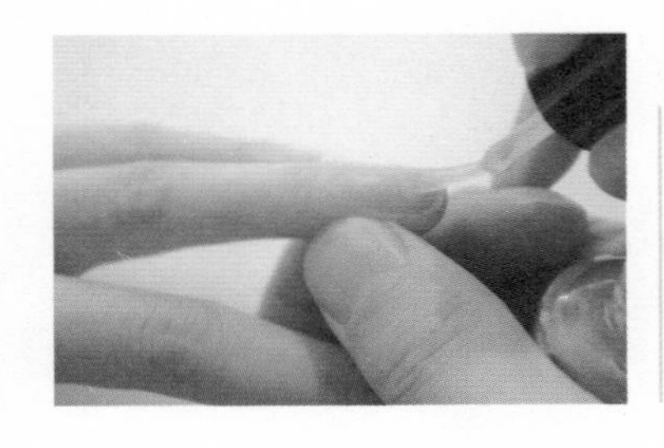

首先涂抹底油，要将你的细致精心体现在每一个步骤上。

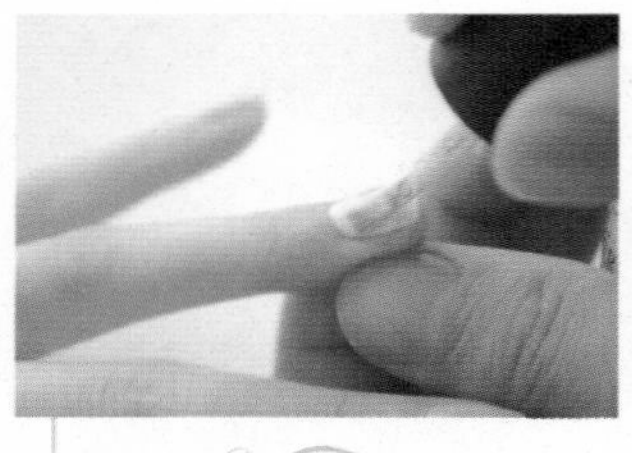 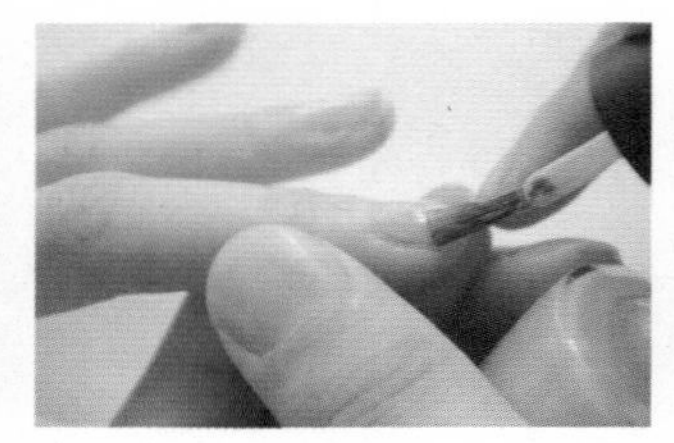 

然后，在无名指上均匀地涂抹上白色指甲油，其余的手指上，则涂抹上肉色指甲油。

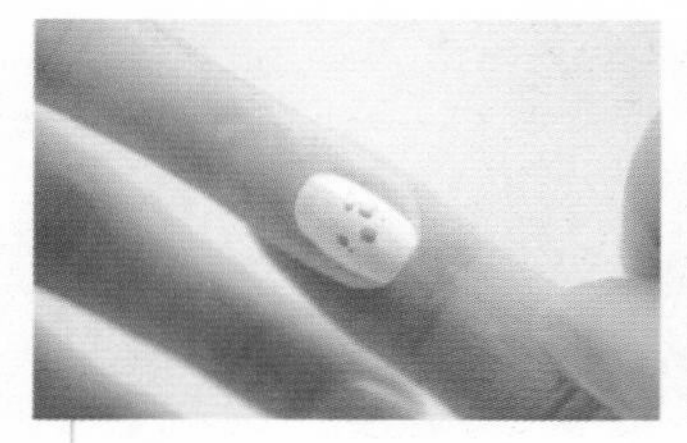 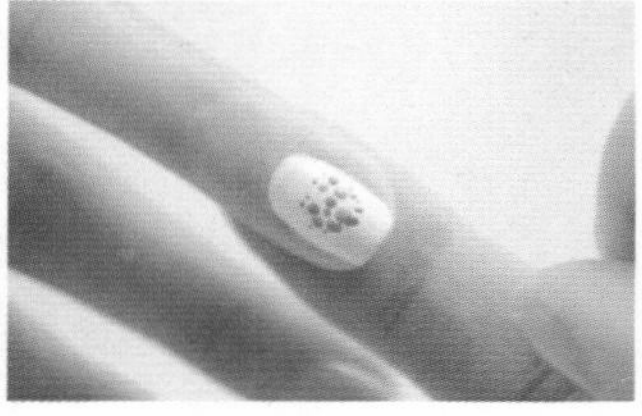 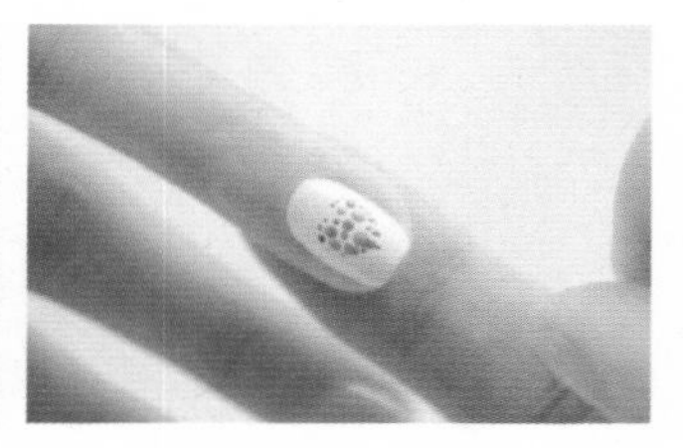

甜蜜的爱心需要精心雕琢，用粉色涂抹点点，完成后，用玫红色补充点点，然后是紫色、深红，依次补充点点，点点是有大有小、不规则的，形成一个爱心的形状。

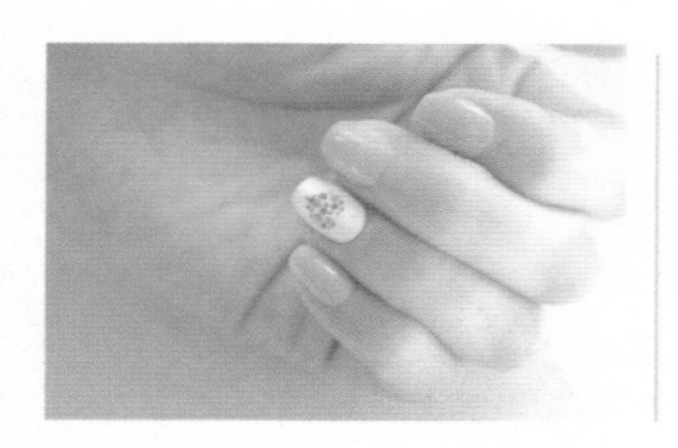

最后，等待 15 分钟后，涂抹亮油，把爱心小心呵护起来！

这样，你的甜蜜爱心指甲就完成了，现在是否心中也充满爱呢？自己动手尝试起来吧！

## Q&A（问与答）

### Q：A

Q：我应该怎样选择指甲形状？

A：每一种指甲的形状都有自己的优势，你可以自由选择。但现在留着过长的指甲会显得有些过时。由掌心一面来看，看不到哪怕一点点指甲尖，那么你的指甲则过短了，如果你常常需要用手工作，比较短且又圆润的甲形更方便。较方正的甲尖看上去比较自然，并且可以保护指甲不易受到伤害；椭圆形则会显得比较有女人味。

Q：怎样选择适合自己的指甲油颜色？

A：要根据肤色和季节来选择合适的颜色。比如肤色较浅的人适合颜色稍深一点的颜色，古铜色皮肤可选择亮色，偏黑或是偏红的皮肤则适合淡色。夏季可选择颜色偏淡的糖果色，冬季则选择暖色。当然了，这些只是LISA老师的一些拙见，你也尽可以根据自己的喜好进行选择，自己喜欢就是最好的。

# 玩转头发，让美丽从“头”开始

很多女孩都羡慕广告里女主角那一头秀逸的黑发以及靓丽的发型，其实你不必羡慕，只要你有足够的耐心、恒心和对秀发完美的不懈追求，能够给秀发以足够的护理，那么，拥有飘逸秀发这一梦想便不难实现。

## 正确洗发才能养发

提到洗发，你是不是都是在每次淋浴时，顺便把头发打湿，然后将洗发水抹在头上揉揉，再用水冲掉就算洗完了？如果是，我必须很遗憾、很郑重地告诉你，你的洗发方法，实在是大错特错啦！

正确的洗发方法应该是这样的：

第一步：洗发前先梳头，这样可以把头皮上的脏东西和鳞屑弄松，以方便下一步的清洗。

第二步：把头发完全弄湿，并将洗发水倒入手掌中揉搓起泡。这一步要注意，不能直接把洗发水倒在头发上，那样的话会过度刺激头皮，导致头皮屑的产生。

第三步：将洗发水均匀地揉进头发里面，用指腹轻轻按摩直至形成一层厚厚的泡沫。

第四步：冲洗头发，直到彻底冲洗干净为止。再一次将洗发水加水揉搓至起泡，再轻轻地揉到头皮上，这次主要是为了清洗发根，然后再用水冲掉。记得洗发水要用两次哦！

第五步：将护发素涂抹在发尾，轻轻按摩一会儿，再彻底冲掉。一般情况下护发素不要涂抹到头皮上，以免护发素中的润滑成分阻塞毛囊，引起落发等症状。

较为理想的洗发频率是每天一次，洗得太少怕不够干净，洗得太多则容易令头发失去必要的油分。

Tips:

想要头发顺滑亮泽，除去正确洗发之外，每天使用护发素也是必不可少的。另外，如果头发比较粗硬的话，在吹风成型时可以不断地喷洒些酸性的化妆水或者免洗亮发喷雾，为其增加柔软的感觉，做出发型之后，最好用定型啫喱或者摩丝加以保持。

## 不同问题秀发的不同护理

### 发梢开叉

对于已经开了叉的头发，很难想象涂什么东西可以令开叉合拢，所以，唯一的办法就是——剪掉它。

### 头皮瘙痒

头皮瘙痒是由于不经常洗发，不注意皮肤卫生等原因引起的，所以，只需要注意及时清除头皮的污物，保持皮肤清洁，头皮瘙痒即可逐渐减轻直至消失。

### 头发太油

油性头皮会分泌过多的皮脂，令头发过于油腻。为使头发保持干净整齐，应该每日清洗，通过梳拢和按摩等方法对头发进行保养。对付过于油腻的头发，要选择植物性、不含化学成分的有机洗发水，大家记得，不要在这个地方省钱，因为长期使用化学成分的洗发水会引起落发！！很可怕的！

### 头发太干

由于皮脂分泌减少，头发会变得干燥。对付这种问题头发，除了要保持其清洁之外，还需使用一些特别的护发方式，比如进行周期性焗油以防止干燥，定期去美发沙龙进行头发的护理SPA，也是有必要的。

### 关于落发

落发一般和家族史有关，或者是因为城市生活高压、晚睡、无规则的饮食、脏空气等一些外部原因造成的。针对这些原因造成的落发，我们一定要选择植物成分的洗发水，如果能够含有葛根、大蒜、生姜和迷迭香等成分就更好了，这些都是能够促进毛囊新生的成分。同时再配合正确的清洁方法来清洁头皮，就能令落发的状况逐渐得到改善。

Tips:

**要保护好头发，就要防止外部刺激，而在外部刺激无法避免的时候，比如用定型水做发型之前，或者使用吹风机之前，都可以在头发表面涂一层薄薄的免洗精华，这样可以起到保护头发的作用。**

## 染发前必须做护理

如果你打算染头发，那就一定不能忽略染前护理这件事。事先做好染前护理，可以让染后的头发更显亮泽柔顺，颜色也更加鲜艳。

在染发前的三天内都不要洗头，以便让头皮的皮脂膜能够覆盖到头皮上，形成一层天然的防护膜来隔绝染发剂的侵害，并让头发得以在染发流失水分的过程中获得保护，将干燥伤害降到最低。

如果想要将染发对头发的损伤降到最低，可以在染发前对头发进行护理，做发膜是非常不错的选择，也可以去专业发廊内做一个染前的专门发质护理。在上染发膏前先涂上染前护理品，能减少染发时对发质的过度伤害。

## 染后护理"对症下药"

染后的头发，颜色虽然美丽，但是发色却总是不能保持太久，很快就会褪色得让人抓狂。为了帮大家解决这个问题，我就来告诉大家究竟该如何养护染后的秀发。

染过的头发都很脆弱，建议做一套营养护理。家里要准备专门用来呵护染后头发的护发素，每次洗头的时候使用。定期做发膜也对护理染后脆弱的头发有帮助。不同的发色，护理方式也是不同的，这个大家都知道吗？

所有染发剂中，红色的色彩分子最小，最容易上色，但也是最容易掉色。黑色分子最大，上色慢，褪色也慢。对于红色系、紫色系这些分子较小的颜色来说，在染后护理时，应该尽量避免选择含有蛋白修护成分的单品，因为它会在这里充当“还原剂”的作用，让秀发加速褪色。但棕色、黑色可以使用含有蛋白修护成分的单品，能够帮助修复染发后的受损发质。

## Q&A（问与答）

Q：A

Q：我的头皮敏感易伤，是不是洗完头发吹风时尽量不要吹到头皮才好？

**A：其实恰恰相反，头皮吹干了，发丝很快也会变干，这就会大大缩短吹风时间，减少对头发的伤害。具体方法是用手撩起发根，快速晃动吹风机，吹干头皮。**

Q：我的发质问题很多，头皮油，发尾毛躁、爱分叉，怎么办呀？

**A：选择有针对性的油性发质洗护产品来解决头皮和发根油腻的问题，每天坚持对头发，尤其是发根进行清洁。干枯分叉的发尾要恢复强韧亮泽则需要润发精华素、发膜的配合使用，这样能让秀发充分吸收营养。润发精华素及发膜只需涂抹在发梢及发尾部分即可，发根部位应避免使用以免增加油腻的感觉。**

# 附

## LISA YOUNG

她

爱世间一切美好的事物

被朋友称为

一个成熟的外表与单纯的内心同在的女人

认为生活应该是简单与直接

却在最为繁杂的时尚圈与娱乐圈边缘游荡

在外人面前总是一副风风火火的样子

也能在心爱的人面前撒娇害羞

赫本和玛丽莲·梦露是她的时尚偶像

她说没有办法不爱赫本

而梦露，是和她一样内心装着一个贪爱小女孩的女孩

她说自己是尝尽百草的小白鼠

苦了自己、奉献他人

对美妆狂热的程度会持续一生一世

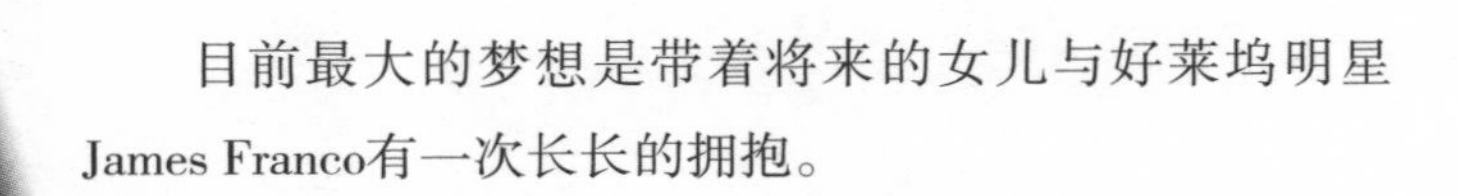

目前最大的梦想是带着将来的女儿与好莱坞明星James Franco有一次长长的拥抱。

始终相信，放弃自己的永远是自己，不是别人。

新浪博客：http：//blog.sina.com.cn/yanghuayan0918
新浪微博：http：//weibo.com/LISA0918
读者联络LISA：LISA.young@hong-fashion.com

# 告别的话

## 告别的话

如今，时尚的风潮来去匆匆，很多妆容的变幻也越来越花哨，时尚的周期也大大地缩短了，所谓的各式潮流风尚充斥在人们的视野之中，令人目不暇接。

先停下来，别慌张。不要做潮流盲目的追随者。

在经过了不同的造型感受之后，也许你会有些困惑，究竟哪些是适合我的？那么请安静地想一想，你究竟要的是什么？

世界上的你从来都是独一无二的，记得因为你的独一无二，才有了这个绚烂多姿的世界。

不要怀疑自己，永远地接纳自己、相信自己，做自信的女人，永远比只注重于外表华丽的女人有价值。

幸福从微笑而来，这话一点都不夸张。嘴角上扬的女子，即使不笑、不说话也让人觉得养眼和美丽。微笑，传递善意和欣赏，让你更有魅力，也为你赢得幸福。

Lisayory

2014年1月于魔都上海